高校转型发展系列教材

常见动植物标本制作

冯典兴　关明军　编著

清华大学出版社
北　京

内 容 简 介

标本制作技术是生物学教学内容的重要组成部分。采集和制作生物标本，作为生物学教学和实验科研的一种辅助手段，可以加深学生对生物学知识的理解，是从事生物科学研究的必要组成。本书图文并茂，详细介绍了常见植物、昆虫、海洋无脊椎动物、鱼类、两栖类动物、鸟类、爬行类动物和小型哺乳动物的标本制作方法，并对标本保管与维护做了简单介绍。

本书可供生物科学及其相关专业的学生使用，也可作为标本制作爱好者的参考书籍。

图书在版编目(CIP)数据

常见动植物标本制作 / 冯典兴，关明军编著 . —北京：清华大学出版社，2020.10（2025.2重印）
高校转型发展系列教材
ISBN 978-7-302-56582-6

Ⅰ.①常…　Ⅱ.①冯…②关…　Ⅲ.①动物－标本制作－高等学校－教材②植物－标本制作－高等学校－教材　Ⅳ.①Q95-34②Q94-34

中国版本图书馆 CIP 数据核字 (2020) 第 187256 号

责任编辑：施　猛
封面设计：常雪影
版式设计：方加青
责任校对：马遥遥
责任印制：宋　林

出版发行：清华大学出版社
　　　　　网　　　址：https://www.tup.com.cn, https://www.wqxuetang.com
　　　　　地　　　址：北京清华大学学研大厦 A 座　　　　邮　　编：100084
　　　　　社 总 机：010- 83470000　　　　　　　　　　邮　　购：010-62786544
　　　　　投稿与读者服务：010-62776969，c-service@tup.tsinghua.edu.cn
　　　　　质 量 反 馈：010-62772015，zhiliang@tup.tsinghua.edu.cn
印 装 者：三河市君旺印务有限公司
经　　销：全国新华书店
开　　本：185mm×260mm　　　印　　张：7.5　　　字　　数：174 千字
版　　次：2020 年 10 月第 1 版　　　印　　次：2025 年 2 月第 4 次印刷
定　　价：48.00 元

产品编号：074461-01

前　言

　　标本制作技术是生物学教学内容的重要组成部分。采集和制作生物标本，作为生物学教学和实验科研的一种辅助手段，可以加深学生对生物学知识的理解，是从事生物科学研究的必要组成。

　　本书主要针对生物科学专业(师范)学生的标本制作课程编写。编者基于多年从事标本制作教学的实践经验，参考有关标本制作的资料，本着标本常见、易获得、易制作的原则，以常见植物、昆虫、鱼、蛙、龟、鼠、兔等为例，介绍了浸制标本、干制标本、剥制标本、骨骼标本、玻片标本的制作以及标本保管与维护等内容。本书图文并茂，浅显易懂，既可供生物科学及其相关专业的学生使用，也可作为标本制作爱好者的参考书籍。

　　本书的编写得到了沈阳大学生命科学与工程学院领导、同事们的大力支持和帮助，在此表示衷心的感谢！由于编者能力有限，书中难免存在不足之处，敬祈专家学者及广大读者多提宝贵意见。反馈邮箱：wkservice@vip.163.com。

冯典兴

2020年8月

目　录

植物标本制作

　　植物标本是人们认识植物形态结构和鉴别植物的主要方式之一，可以为植物分类、植物资源开发利用和生物多样性保护等提供重要的科学依据，也是长期保存植物的一种重要形式。本章将介绍常见植物采集、植物腊叶标本制作、植物叶脉标本制作、植物干花标本制作、植物原色浸制标本制作、植物塑化标本制作和种子标本制作，以及植物标本鉴定。

1.1　常见植物采集

1.1.1　植物采集的一般原则

　　不同植物类群具有不同的生长习性和形态特征，尽管植物的每一部分形态特征都具有分类意义，但花和果实是大部分植物类群分类的重要依据。因此，在采集标本时，应该尽量选择具有花或果实的植株。

　　对于植株较大的植物，不可能采集整个植株来制作标本，而只能采集植株的一部分。为使整个植株的形态、大小和其他特征在采集的标本上得到最真实的反映，在采集标本时，必须通过观察，明确采集植株的哪部分才有代表性。

　　在不同的环境条件下，生长着不同的植物，必须随时注意观察，尽量采集。同时，在相同或不同的生境下生活的同一种植物可能会表现出不同的特点。因此，必须观察、了解采集地的环境，并注意观察植物变异的规律，才能采集到具有尽可能多信息的植物。

　　所采标本的大小以25～30cm为宜。如果有可能，一般所有的标本都应该采集复份，即同种的同号标本应采集数份，但对稀有或濒危的物种，在采集时应特别注意加以保护。

1.1.2　常见植物的采集方法

1. 所需用品

　　采集植物所需用品有标本夹、枝剪、战锹、镊子、解剖刀、照相机、铅笔、号牌、记录本、小纸袋、GPS定位仪、背包。

2. 不同植物的采集

(1) 采集完整的标本。种子植物的分类和鉴定以其根、茎、叶、花、果实和种子等各种器官的形态特征为主要依据，因此，采集的标本若缺少任一部分，鉴定学名就十分困难，甚至无法鉴定，所以应尽量采集完整的标本，并尽量体现其分枝方式。但由于生长季节的限制，各部分若不能同时采得，也可在以后设法补采，使其完备。

(2) 对于草本植物，一般应带根采集全草，采集时连根挖出后，洗净泥土后压制。如果植株矮小，应采集若干个体，方便研究，也方便制作标本时布满台纸；如果植物高大，可将其折成"V""N"或"W"字形压入标本夹，或在同一株上选取有代表性的上、中、下三段形态来压制。

(3) 对于木本植物，应选有花有果、叶片完整、姿态良好的枝条进行采集，但采集的标本应该尽可能代表该植物的一般情况，剪取的枝条应大小适中。

(4) 对于雌雄异株的植物应分别采集雌株和雄株，分别编号并注明它们之间的关系。雌雄同株植物，最好两种花都能采到。

(5) 对于寄生植物，如菟丝子、桑寄生、列当等，应该连同寄主一起采集，最好不要将两者分开。

(6) 对于具有地下茎的植物，如百合科、天南星科植物等，应该特别注意采集植物的地下部分。

(7) 如果采集的标本上只有少量花或果实，最好在同一植物的其他部分(木本植物) 或同一种群的其他植株(草本植物)采集到花果，与标本放在一起，干燥后装入纸袋。

(8) 有些植物的花或果实很容易破碎或萎蔫，必须在采集后马上压入标本夹中。

(9) 海藻是常见的海洋植物，大多生活在潮间带，所以在采集这类标本时，一般选在每月最低潮时。海藻多数营固着生活，都有一个固着基，采集时要选择完整的藻体，用刀、铲、镊子等把海藻从固着基上取下来。采集过程中要保持固着基的完整，如果是藻类繁殖季节，应选择有生殖器官的藻体，而且注意雌雄藻类都要采集。

3. 标本采集号

在采集标本的过程中，每一份标本都应有一个采集号，以便在制作标本、室内研究、鉴定或作为凭证时与该号的记录相对照，填写或确定该标本的采集信息，并确保采集信息准确无误。

同一个采集人(或采集组)的采集号不应重复。一般来说，每个采集人的采集号以及每年或每次采集的采集号应该按顺序编写。但是，如果同一种植物是在同时同地采集的，则应编为同一采集号，作为复份标本。每一号标本的份数，应根据需要而定。特殊植物应该多采集几份，以供研究或教学使用。如果同一种植物是采于不同的地区、不同的环境或不同的节时，则应分别编号。

标本的采集号必须用铅笔填写在号牌上，同时在号牌上填写采集人、采集日期和采集地。填好的号牌必须紧系于标本的适当位置，以防在标本压制、整理或制作过程中脱落。

4. 记录和拍照

植物标本的产地、生长环境、生长习性对标本的鉴定、研究和使用有着重要的参考价值，这些采集信息不可能都填写在号牌上。同时，标本的压制无论如何精细，但与其生活状态相比，部分特征也会有所改变，如气味、花、果实的颜色、形状等很容易发生变化。因此，在标本采集过程中必须做好野外记录。

野外记录的内容包括采集人、采集号、采集地、采集日期、生境、海拔、生长习性、形态特征、花果期、地方名以及用途等。一般来说，野外记录应在采集标本的同时填写在野外记录本上，特殊情况下，也可以在当日晚间整理标本时填写。记录本上的采集号必须与号牌上的号码保持一致，以免混乱。为防止潮湿、褪色，野外记录应用铅笔填写。野外采集记录应完整、客观真实。对于标本压制后易于变化的或采标本上不能反映的特征应该尽量记录在册，如乔木、灌木或高大草本未采到部分的生长形式，植物体的大小、外形，乳汁有无和颜色，叶片两面的颜色、光泽，花各部分的颜色、气味，果实的形状和颜色等。

在采集标本时，对植物生活的群落以及植物的各种生长环境都应尽可能观察、记录，包括所采标本的海拔、山坡坡向、位于林缘还是草坡、潮位、海水温度等环境，同时要尽可能记录所采植物的开花期和结果期等内容。

此外，在野外观察新鲜的植物花、果的形状和构造，比在室内观察腊叶标本容易得多，所以，在野外采集和压制标本的过程中应尽力多做观察、记录。

由于现代摄影器材和拍照手机的普及，野外采集标本时，也可对采集环境、标本进行拍照，以便进一步完善标本资料。

1.2　植物腊叶标本制作

腊叶标本又称压制标本。在适当的季节，采集植物全株或一部分，植物体压制、定形，待完全干燥后，经消毒、装订，将其固定于台纸上，再填写采集记录和植物分类鉴定，即成腊叶标本。

1.2.1　标本压制

压干法是制作腊叶标本的主要干燥方法。压干的方法是先在标本夹的一片夹板上放几层吸水纸，然后放标本，标本上再放几层纸或瓦楞纸，使标本与吸水纸相互间隔，层层罗叠，最后将另一片标本夹盖上，用绳子捆紧(见图1-1)。罗叠高度以将标本捆紧又不倾倒为宜，一般叠至30cm左右。每层所夹的纸一般为3～5张，粗大多汁的标本上下应多夹几张纸。

压制标本时应该注意以下几个方面：

(1) 将叶片等折叠或修剪至与台纸相应的大小，力求大小适当、外形美观。

(2) 压制标本时要尽量使花、叶、枝条展平、展开，力求姿势美观，不使多数叶片重叠。若叶片过密，可剪去若干，但要保留叶柄，以便指示叶片的着生位置。

(3) 压制的标本要有叶片的正面，也要有部分叶片反面，以便观察。

(4) 茎和小枝在剪切时最好斜着剪，以便展示茎的内部结构。

(5) 落下来的花、果或叶片，要用纸袋装起，袋外写上该标本的采集编号，与标本放在一起。

(6) 在标本夹内压制标本时，中、上、下两标本应该错开放置，平均摆放。否则，柔嫩的叶片、花瓣等可能因得不到压力而在干燥时起皱褶。

(7) 在花的标本压入吸水纸中时，注意解剖一朵花，展示其内部形态，以便以后研究。

(8) 标本与标本之间必须放数张吸水纸(水分多的植物，应多加吸水纸)，并加以轻重程度适当的压力，用绳子捆起后放在通风处。

(9) 要勤换吸水纸，并在换纸时对标本加以整理。通常前两天每天换两三次吸水纸，第3天后每天换1次，以后几天换1次，直至标本干燥。

(10) 已干的标本要及时放在其他压夹内，以免在标本夹内被压坏。

(11) 有些植物的花、果、种子压制时常会脱落，换纸时必须逐个捡起，放在小纸袋内，写上采集号码，再夹在一起。

(a) 木头夹　(b) 瓦楞纸　(c) 吸水纸　(d) 绳

图1-1　植物标本压制

1.2.2　标本装订

1. 消毒

压干的标本还需要经过化学消毒杀死可能存在的虫卵、真菌孢子等，以免标本被蛀虫破坏。常用的消毒剂有1%升汞乙醇溶液。消毒时，把配好的消毒液放在大型平底的搪瓷盘里，将压干的标本放入浸渍片刻，立即用筷子夹出，放在标本夹的吸水纸上，使之干燥。另外，也可用紫外光灯进行消毒，这种方法较为安全和省时。

2. 上台纸

已经压干的标本需要固定在台纸上保存。台纸选用白色较厚的白板纸，一大张白板纸可裁成若干小张，每张纸面的长宽在36cm×26cm左右。上台纸的具体步骤如下所述：

(1) 布局。把标本放在台纸上，根据标本的形态，或直放，或斜放，并留出将来补配花、果以及标本签的余地，做到醒目美观，布局合理。

(2) 选点固定。根据已放好的标本位置，在台纸上设计好需要固定的点位。固定点不宜过多，主要在关键部位，如主枝、分枝、花下、果下等处，能够起到主、侧方向都较稳定的作用。

(3) 粘贴。用白色细纸条将标本直接粘在台纸正面或切缝粘在台纸背面，也可用橡皮膏或透明胶带将标本粘在台纸正面，甚至还可用针线缝在台纸上。

3. 加盖衬纸

为了保护标本不磨损，通常要在固定完好的标本上加盖一张衬纸。考虑到取用方便，可选用半透明纸，既可防潮，又耐摩擦。衬纸宽度与台纸宽度相同，只是固定的一端稍长出台纸4～5mm，用胶水涂在台纸上端的背面，然后把衬纸的左、右、下各边与台纸对齐，把上端长出的4～5mm纸折到台纸背面贴齐粘平即可。

4. 贴标本签

制成的腊叶标本要及时加贴标本签，一般贴在台纸正面的右下方，标签的右边和下边与台纸对齐，或各边距台纸边缘1cm左右。贴标本签也可在加盖衬纸以前进行。标签除了记录一些基本信息，还要写明植物学名、采集日期、地点、采集人和鉴定人等(见图1-2)。

标本签

采集号：_____　　登记号：_____

中文名：_____　　所属科：_____

学名：_____

采集日期：_____　　产地：_____

采集人：_____　　鉴定人：_____

图1-2　植物标本签

5. 保存

制成的腊叶标本必须妥善保存，否则易被虫蛀或发霉。腊叶标本宜保存在牛皮纸中，存放在标本柜里。标本柜必须放在通风干燥的室内，柜里放樟脑丸、干燥剂。没有标本柜也可用密封的木箱代替。

1.3　植物叶脉标本制作

叶脉是叶片中的维管束，它是植物鉴定的特征之一。通过叶脉标本，我们能够很好地了解各类叶脉类型(比腊叶标本和新鲜叶片效果好)，此外叶脉标本还可以做成书签等工艺品，具有一定的观赏价值。制作叶脉标本通常使用煮制法和水浸法。

1. 煮制法

煮制法制作叶脉标本步骤如下所述：

(1) 采集树叶。一般选取叶脉坚韧、叶质较厚的木本植物叶片，如榆树叶、石榴叶、柞树叶、茶树叶、杨树叶、丁香树叶、枫树叶等。

(2) 配置碱液。称取碳酸钠70g、氢氧化钠50g，溶于1000mL水中。

(3) 沸煮。将碱液倒入1000mL烧杯或小的铝盆中，加热至沸腾后，将叶片放入溶液中，继续加热煮沸10分钟左右，不时用玻璃棒轻轻搅动，保证叶肉腐蚀均匀。

(4) 去除碱液。当叶子变黑，捞取一片叶子，放入盛有清水的塑料盆中。检查叶肉腐蚀和剥离情况，如易分离即可将叶片全部捞出，放入盛有清水的塑料盆中，洗去碱液。

(5) 去除叶肉。冲洗后的叶片，平摊在玻璃板或滤纸上，用软牙刷或毛笔在流水中轻轻地刷洗叶片的正面和背面，露出叶脉，再用清水洗净，沥去水分。

(6) 压干。把叶脉平放在旧书或旧报纸里，以吸取水分，最后压干。

(7) 上台纸。取出压平的叶脉片，上台纸。在台纸上，摆好叶脉，在右下角标签里填上植物名称、采集日期、制作日期、制作人姓名等信息。

在此步骤前，叶脉片经5%过氧化氢或0.5%过氧化钠中漂白取出水洗后，可用毛笔在叶脉两面涂上水彩颜料，做成彩色叶脉，干燥后再上台纸。

(8) 塑封。将摆好叶脉的台纸夹在塑封皮中，进行塑封。

2. 水浸法

叶肉较薄的叶片可以采用水浸法来制作叶脉标本。首先，选择合适叶片，将其浸没在水中，放在温暖处，以使水中细菌获得繁殖的适宜温度，使叶片的叶肉逐渐腐烂。当水变臭时，换水。然后，把叶片放入清水中，当稍稍震动叶片，叶肉大部分脱落在水中时即可取出，再用软毛刷将残留的叶肉轻轻刷掉，等到叶片仅剩叶脉时，进行漂白、染色、压干即可。

1.4 植物干花标本制作

干花是指经过干燥处理后的花朵、叶片和果实等花材的总称。干花保留了鲜花的特征，可以长期保存，适合做成工艺品，具有很大的应用价值。

1.4.1 花的采集

按照用途划分，干花可分为两种：一种是有一定长度要求的，作为插花花材的干花；另一种是没有长度要求的，是制作装饰品和礼品的干花。插花用的花材，要求枝长在30cm以上，枝形好看，挺立性好，叶片厚实，且花穗和果穗丰满不易脱落。制作艺术品的花材，不要求长度，但要求造型丰满，果壳大小适中。

采集花材要选择天气晴朗的日子，尽量在上午9～11时，因为这时已无露水，花草本身含水适中，利于后续操作。花朵可选花蕾初放的，也可选完全开放的；叶子要选新鲜翠绿、表面干净的，但有时也需要深绿色的叶子。采到的花材应立即处理，或放在阴凉处，或放入冰盒中，以保持新鲜状态。

1.4.2　干花的制作

1. 自然干燥法

自然干燥法适合含纤维素较多的花材。把花材的茎切成所需要的长度，除去少量叶片和多余的侧枝以及损伤的部分，用细线绳扎成适当的花束，让花朵朝下悬挂。悬挂地点选择在凉爽、黑暗、干燥、洁净和空气流通处，令其自然风干。

2. 常温压制法

常温压制法是制作平面干花的常用方法。通常将花材放入平板上的吸水纸内，上面压以重物，将其放置在空气流通处，自然干燥即可形成干花；也可采用标本夹代替重物。两种方法都要及时更换吸水纸。

3. 包埋干燥法

包埋干燥法适用于含水量较多的花材，如玫瑰、月季、牡丹等，能很好地保持花材的立体感，保持花材的原形原色。包埋材料多为变色硅胶、细河沙、珍珠岩。

具体制作步骤如下所述：

(1) 在罐头瓶或保鲜盒内均匀地撒入磨碎的大小为0.5～1mm橙色硅胶颗粒，大约厚4cm。橙色硅胶不含氯化钴，是环保无毒材料，由于本质是干燥剂，操作时最好带上一次性手套。

(2) 将花朵(带1cm花柄)向上插入硅胶颗粒里，依次间隔放入。

(3) 用小匙将备好的硅胶颗粒一点点地撒在每朵花的花瓣之间，让颗粒充满于每朵花的花瓣里，将其包埋好(见图1-3)。全部撒好后，盖紧盖子。当硅胶完全变绿时，要及时更换。

图1-3　花的包埋干燥

此外，包埋后，也可不用盖上盖子，将罐头瓶或保鲜盒放入微波炉中30秒(高火档)，可迅速完成干燥。如果用细河沙或珍珠岩包埋，干燥的时间需要两三周。

(4) 3～5天后打开盖子，小心倒出硅胶颗粒，将干花取出，用软毛刷或棉签清理干花上的硅胶颗粒，将干花放在保鲜盒中保存。

4. 甘油干燥法

甘油干燥法制得的花卉较柔软，且可保持不褪色，适宜于小型花材。制作过程：首先，在1000mL烧杯中，倒入250mL甘油和500mL的热水，充分混合，直到热混合剂澄清。然后，将新鲜花或枝叶在热混合剂中放置3周以上，取出后放于干燥通风、温暖、无直射光的地方，一般 4～6天就可以干燥。

5. 真空冷冻干燥法

真空冷冻干燥法是一种相对较新的干花制作方法。国内，这种制法已在金盏菊、康乃馨、玫瑰等干花标本制作上取得了较好的效果，花形和花色与鲜花无明显变化，花瓣比较柔软，具有一定的香气。制作过程：①护色。以2% 柠檬酸作为护色剂，将鲜花浸泡于护色剂中30分钟。②干燥。将护色处理后的鲜花放入真空冷冻干燥机预冻8小时，之后升华干燥11～14小时。最后解析干燥4小时，温度为40℃。

1.4.3　干花的树脂标本制作

环氧树脂AB胶又被称为"水晶滴胶"，是一种由环氧树脂和固化剂组成的双组份高分子材料，具有无毒、不污染环境、透明度高、硬度高、黏度低、成本低廉等优点。利用环氧树脂制成的干花标本，具有很好的审美和保存价值。树脂标本制作所需用品包括以下几种：AB胶、硅胶模具、纸杯、玻璃棒、细绳、干花、刀片。

在制作标本之前，需要配制环氧树脂AB滴胶：

A胶和B胶按质量比3∶1或体积比2.5∶1量取，分别倒入纸杯中，用玻璃棒顺时针搅拌15分钟，如果出现气泡，用玻璃棒向杯壁赶出气泡。

树指标本制作过程如下所述。

1. 倒置干花

取一细绳，一端系在干花叶柄上，一端系在玻璃棒或一次性筷子上，将干花倒悬于一个立方体或立柱形硅胶模具里。

2. 包埋

将配制好的环氧树脂AB胶缓慢灌入洁净的模具中，滴胶泡过花朵即可(见图1-4)。待胶未完全凝固时(约半天)，去掉系在花柄上的细线，移走玻璃棒，继续倒环氧树脂AB胶，直到没过整个花材。包埋过程中若出现气泡，可用针将气泡赶出，以达最佳效果。

3. 脱模与修形

24小时后，待树脂完全固化，卸掉模具即得到标本。由于表面张力的缘故，标本边缘会有一圈锋利的突起，可用小刀片修去；若有凹陷，可继续用滴胶补至平整。

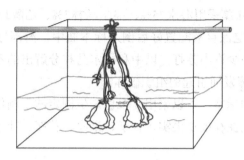

图1-4　干花标本包埋

1.5　植物原色浸制标本制作

浸制标本是用一定浓度的化学试剂浸泡，防腐定形后，用适当浓度的化学试剂保存起来的标本。浸制标本能较长时间保持原植物的形态、色泽，可完好展示植物的花、果、叶细微的形态差异。目前，单一颜色的标本都能长久保存原先的颜色，其保存液配制方法如表1-1所示。

表1-1　单一颜色标本保存液配制

标本颜色	配制方法
绿色	1. 整体标本 (1) 乙酸50mL、蒸馏水50mL、乙酸铜6g混合，使用时蒸馏水水稀释至3～4倍，混合溶液加热至85℃，放入标本，当标本变黄绿或褐色后再变绿色，停止加热。 (2) 饱和硫酸铜750mL、40%福尔马林500mL、蒸馏水250mL混合。浸泡一两周。 (3) 50%乙醇90mL、40%福尔马林5mL、甘油2.5mL、乙酸2.5mL、氯化铜10g混合。浸泡1～2周。 (4) 以上处理后的标本清水冲洗干净，5%福尔马林溶液中保存。 2. 果实标本 乙酸50mL、蒸馏水50mL、乙酸铜6g混合，加热至沸点，放入标本，煮30分钟，待其再次变绿，取出水洗，置于乙醇30mL、40%福尔马林5mL、蒸馏水200mL混合溶液中保存
红色	1. 整体标本 硼酸粉末450g、90%乙醇2000mL、40%福尔马林300mL、蒸馏水400mL混合。过滤后直接使用。 2. 果实标本 硼酸粉末3g、40%福尔马林4mL、蒸馏水400mL混合，pH5.8混合液中浸泡1周左右，再置于亚硫酸3mL、乙酸1mL、甘油3mL、水100mL、氯化钠50g混合液中保存
黄色	亚硫酸100mL、90%的乙醇100mL、蒸馏水1800 mL的混合溶液中保存
紫色、褐色	40%福尔马林50mL、10%氯化钠100mL、蒸馏水870mL的混合溶液中保存

对于海藻类浸制标本，根据不同的藻类采用不同的固定保存液：褐藻和蓝藻采用海水95%、福尔马林5%的固定保存液；绿藻采用海水80%、福尔马林5%、乙醇10%、饱和

硫酸铜5%固定保存液；红藻采用海水75%、福尔马林5%、乙醇10%、饱和硫酸铜5%、亚硫酸5%固定保存液。固定保存液配置好后倒入标本瓶中，海藻标本瓶一般用各种规格的大口瓶。在上述溶液内加少许小苏打，以中和福尔马林分解出的乙酸。少数重要标本可加1%的甘油，以防固定液蒸发而引起的组织破坏。

对于存在多种颜色的标本，可以采用"多色杀生固定法"制作植物原色标本。这种方法能同时理想或较理想地保存植物果实、种子、果序、花序、叶等的原有色泽。操作步骤如下所述。

第一步，配制保色液。

A液：95%乙醇50mL，乙酸铜50g，40%福尔马林50mL，氯化钠10g，甘油50mL，硼酸10g，蒸馏水配至1000mL。

B液：5%福尔马林溶液。

第二步，预处理。

对直径超过5cm的果实，用竹签在近果柄端多方向穿刺，使药液尽快渗透组织细胞。

第三步，固定与保存。

将经过预处理的标本放入A液中，浸渍时间随材料直径加大而加长，通常直径2～5cm的果实，浸渍时间7～15天；直径5～10cm的果实，浸渍16～30天。浸渍完毕后，用水冲洗掉材料附带的药液，将材料捆扎于玻璃片上，置入标本瓶中，加B液，封口，贴签完成。

1.6　植物塑化标本制作

聚乙二醇(PEG)可完全溶于水和乙醇，有很好的稳定性，是一种温和、无刺激性、难燃的高分子化合物。在制作植物标本中，使用相对分子质量600的聚乙二醇600和甘油替换植物体内的水分，不仅能起到防腐固定的作用，还使植物标本以原生态的鲜活形状展现。在整个标本的制作过程中不使用有毒药品，这样制成的标本无须防腐剂浸泡，可直接做成原生态标本。在科研、科普、原色全真植物工艺产品方面都有一定的实用和推广价值。

制作流程：固定原色保色植物标本→预处理→干燥→组装整理→存放保养。

1. 固定保色原色植物标本

植物叶片除绿色外，还有黄叶、红叶等。这里我们主要选取绿叶、黄叶、红叶三种植物标本进行原色植物标本固定保色处理。

1) 绿色植物

(1) 按硫酸铜∶水∶乙酸=12∶900∶150的比例配制混合液2000mL。

(2) 将配制好的混合液加热至80～85℃或微沸时投入绿色植物标本，观察其变化，待植物标本由绿色变为黄褐色后又慢慢变成绿色后取出，清水中洗净，晾干。

2) 黄色植物

将叶片在50%乙酸溶液中加热，至植物叶片变为黄色，取出投入清水中洗净，晾干。

3) 红色植物

(1) 乙酸洋红溶液配制。将洋红粉末10g倒入1000mL 45%乙酸溶液中，边煮边搅拌，煮沸(沸腾时间不超过30秒)，冷却后过滤，即可配制出乙酸洋红溶液；也可再加入1%～2%铁明矾水溶液50mL，至此液变为暗红色而不发生沉淀为止。

(2) 将配制好的乙酸洋红溶液加热至约 95℃或微沸时投入植物标本，待植物标本由红色变为黄色又变成红色取出，清水中洗净，晾干。

2. 预处理

采用乙醇、甘油和聚乙二醇不同组合的混合液对叶片进行软化处理。其中甘油和乙醇混合液的作用是使叶片软化；甘油和聚乙二醇混合液作为植物标本内水分的最终替代物，替代植物标本干制过程中失去的水分，填充在植物标本内，降低植物标本皱缩程度；少量蜂蜡可增加标本光泽感。塑化液配方及处理时间如表1-2所示。

表1-2 塑化液配方及处理时间

步骤	塑化液配比	处理时间/天
1	95%乙醇(95) +甘油(5)	1
2	无水乙醇(90) +甘油(5) +聚乙二醇(5)	1
3	无水乙醇(85) +甘油(5) +聚乙二醇(10)	1
4	无水乙醇(75) +甘油(3) +聚乙二醇(20) +蜂蜡(2)	3

注：括号内的数字为两液体混合时的体积分数

3. 干燥

取出标本置于45℃温箱内的丝网上，直至无多余的聚乙二醇，塑化完毕。

4. 组装整理

经过塑化后的植物标本，可以根据不同需要选择不同材料、利用不同方法进行修补，以达到更好的观赏效果。例如，花枝较短的，可以接自然枝，可以将铅丝穿入真空茎秆中，也可以用绿色铅丝代替；叶片稀少的，同样可以接自然叶片等。

5. 存放保养

聚乙二醇高分子塑化标本不适合放置在潮湿的地方，也不能阳光直射，避免干裂、褪色；由于标本有染色，应避免接触衣物。这类标本最好放置在亚克力制成的标本盒中保存。

1.7 种子标本制作

制作种子标本的容器应选择透明的玻璃指形瓶、聚乙烯袋、鸡心瓶，以便观察。制作流程如下所述。

1. 种子的收集

对于果树的种子，主要是去果肉后收集，例如苹果、梨要剖开果核，枣要浸泡揉搓。

对于极小的种子，如罂粟科的种子，要将种子用玻璃纸包好，放在棉花垫上，装入盒中存放。对于果皮与种子愈合一起的果实(如水稻种子)可直接采摘下来。

2. 登记

对种子的来源进行登记，登记项目包括编号、日期、学名、中名、来源等。编号采取顺序号与年代号相结合的方法，如1234：99，冒号前为顺序号，冒号后为年代号，99即1999年。

3. 干燥

种子在装入瓶子前，要充分自然晾干，不要高温烘干，否则会使种子表面变色、皱缩等。

4. 消毒

首先剔除有病菌的种子和不完整的种子，再选择成熟饱满的种子进行消毒。消毒时，宜采用装箱消毒，先将种子放在消毒箱内，每立方米使用75g高锰酸钾，150mL福尔马林，300mL蒸馏水，混合密闭熏蒸6小时；也可在零下25℃下低温冷冻24小时。

5. 排列与存放

将种子装瓶，盖严，在瓶壁上粘贴种子名称(包括品种名)标签。种子标本可按一定的植物分类系统排列，编出各科代号，同种的标本再按来源年代和编号依次排列，每种之间要留有余地，以便补充增加新的种类；也可按标本拉丁学名的字母顺序排列。为便于查询，还需建立与种子标本柜的排列顺序一致的卡片，并输入计算机中存档。

1.8 植物标本鉴定

1.8.1 植物标本鉴定概述

所谓植物标本鉴定，就是正确运用植物分类学知识和理论，通过查阅文献资料，以及同已知的模式标本对比，从而确定植物名称的过程。

鉴定时，首先要观察植物标本的根、茎、叶、花、果实形态解剖特征，尤其是繁殖器官的特征，然后运用学过的各个类群的主要分类依据，采用层层缩小的方法确定该种植物所属科系。最后，查阅参考文献进一步确定是哪一属、哪一种植物。

如果这种植物具有真正的花或果实，那它肯定属于被子植物；如果这种植物具有羽状或网状叶脉，花的基数是4或5，又是直根系，那它不可能是单子叶植物，而是一种双子叶植物；如果这种植物是一种具有卷须的草质藤本，而且具有单性花、子房下位、侧膜胎座、瓠果等特征，就可确定它属于葫芦科。

有关植物分类的文献资料种类较多，包括植物志、检索表、图鉴、图谱等。比如《种子植物分类学》《中国高等植物图鉴》《中国高等植物科属检索表》《中国植物志》等。

在鉴定标本之前，最好描述标本，将标本的特征列出来，主要描述花的结构。为准确描述标本的形态特征，可将干燥标本浸泡在水中或喷洒水雾。

1.8.2　检索表的编制与使用

检索表是动植物种类鉴定必不可少的工具。当对某一动植物进行鉴定时，都要通过查阅检索表，逐渐引导出其隶属的科名、属名、种名(或品种名)。

检索表是根据"由一般到特殊"和"由特殊到一般"的原则，用对比分析和归纳的方法，从不同种类的生物形态构造特征中选定重要的、普遍的、稳定的特征(而不是次要的、个别的、由变异产生的特征)，根据异同点做成简短的文字条文排列，这个排列规则可以根据自然分类体系拟制，也可以根据人为分类体系拟制。

植物分类检索表中应用较多的是定距式和平行式。

1. 定距式

定距式检索表是根据拉马克的二歧分类原则编制的。定距式检索表的编制方法是将每一对互相矛盾或成对应的条文分开编排在一定的距离处，每一个分支下边相对应的两个分支较先出现的向右向下退一个字格，这样继续下去，最后确定所需的分类阶元。因此，此种形式也称为退格式。

举例：

植物种子分种检索表(部分)

　1. 种子长3毫米以上。

　　2. 种子黑色或黑褐色.. 曼陀罗

　　2. 种子浅红褐色至褐色或黄色至浅黄褐色。

　　3. 种子肾形，长4～5毫米，种阜长不超过腹面边缘长的2/3.................. 毛曼陀罗

　　3. 种子耳形，长5～7毫米，种阜长约为腹面边缘长的2/3...................... 洋金花

　1. 种子长2毫米以下。

　　4. 种子基部明显渐尖和渐薄，种脐着生腹面一侧基部........................ 龙葵

　　4. 种子基部不明显渐尖和渐薄，种脐着生腹面一侧1/3～1/2处.................. 天仙子

在运用时，以检索表中先出现的序号的两条条文的特征与标本相对照，选取与标本符合的条文，在这个条文下面的两个分支条文中选择与标本符合的一个条文，依此类推，直到查到所需要的结果。

2. 平行式

这种形式的检索表的编制方法是将每一对互相矛盾或成对应的条文编以同样的项号，每条条文后注明下一步依次查阅的序号或检索的结果。

举例：

植物种子分种检索表(部分)

1. 种子长3毫米以上... 2

1. 种子长2毫米以下... 3

2. 种子黑色或黑褐色.. 曼陀罗

2. 种子浅红褐色至褐色或黄色至浅黄褐色.............................. 4

3. 种子肾形，长4～5毫米，种阜长不超过腹面边缘长的2/3................ 毛曼陀罗

3. 种子耳形，长5～7毫米，种阜长约为腹面边缘长的2/3................ 洋金花

4. 种子基部明显渐尖和渐薄，种脐着生腹面一侧基部................ 龙葵

4. 种子基部不明显渐尖和渐薄，种脐着生腹面一侧1/3～1/2处................ 天仙子

在运用时，凡符合条文特征的，查该条文右边指示的序号的条文；不符合条文特征的，看相对应的条文，查该条文右边指示的序号的条文，直到查到所需要的结果。

第2章
昆虫标本制作

昆虫属于节肢动物门、昆虫纲。全世界共有100余万种昆虫，占整个动物界的四分之三，是动物界中种类最多的类群。它们是日常较容易获取的标本来源。本章将介绍昆虫的采集、干制标本、浸制标本、玻片标本、包埋标本和昆虫生活史标本的制作。

2.1　昆虫的采集

2.1.1　常见昆虫的采集工具

在不同的环境条件下，生活着不同的昆虫种类，要想采集到完整、种类繁多的昆虫标本，必须有适合配套的采集工具。昆虫采集过程中用到的工具一般有以下几种：

1. 捕虫网

捕虫网是采集昆虫的常用工具。捕虫网的网袋用透气、坚韧、白色的尼龙纱或工业滤布制成。网圈和网杆的材质多为铝合金，可拆卸，方便携带。网圈可折叠，网杆能够伸缩。

2. 毒瓶

毒瓶专门用来迅速毒杀昆虫。毒瓶一般选择封盖严密的罐头瓶、磨口广口瓶或宽口塑料瓶。使用时，在瓶底铺一层1cm厚的脱脂棉，其上放置一块和瓶底形状相似的纸壳或纸板，再向毒瓶中添加四氯化碳或乙酸乙酯溶液。有时，在野外捕虫，还需在瓶口系上绳子，方便提拎。

3. 三角袋

三角袋主要用来保存鳞翅目昆虫成虫的标本，常用长方形硫酸纸折成。野外采集时，也可以用废旧报纸代替硫酸纸，三角袋的制作如图2-1所示。

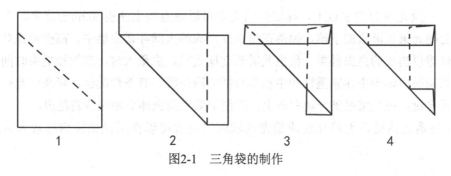

图2-1　三角袋的制作

4. 吸虫管

吸虫管(见图2-2)专门用来采集蚜虫、小蜂、蓟马、小粪蝇、蚤蝇等不易拿取的微小昆虫。吸虫管利用吸气形成的气流将昆虫吸入容器。

图2-2 吸虫管

5. 诱虫灯

诱虫灯是利用昆虫具有趋光性而设计的诱捕工具，灯源为普通灯泡或黑光灯。使用时，在灯头下方放置一块诱虫幕布，当昆虫停在幕布上时，可用毒瓶扣捕，也可人工捕捉或用网捕捉落在附近的昆虫。

2.1.2 常见昆虫的采集方法

1. 网捕法

网捕法是常用的一种采集方法。在捕捉空中善飞的昆虫时，应迎头一兜，并立即将网口翻转，将网底下部连同昆虫一并甩到网圈上，握住网底上方，将昆虫放入毒瓶中，拧紧盖子。如果捕到的是大型蝶蛾类，可在网外用手捏压其胸部，使其不能活动，然后放入毒瓶。特大的种类可用注射器在胸部注入少许乙醇，使其迅速死亡。如果捕到的是中、小型昆虫，数量很多，抖动网袋，使昆虫集中到底部，送入毒瓶即可。捕捉灌木丛或杂草丛中的昆虫，可采用扫网，先将集中在网底的昆虫一起倒入毒瓶，待昆虫毒死后，再倒在白纸上，进一步挑选想采集的昆虫。

2. 诱捕法

(1) 黑光灯诱捕。利用昆虫的趋光性采用灯具诱捕昆虫是获取昆虫标本比较简便的方法。蛾类、金龟子、蝼蛄等昆虫均有较强的趋光性，可在夏季，选择无风、闷热、无月光的夜晚，用黑光灯诱捕。

(2) 高空测报灯诱捕。利用高空测报灯可诱捕到大量的迁飞性昆虫。通常将1000W的灯泡安装在反光曲面的焦点上，探照灯的光束可以垂直向上照射500m的高度。空中飞行的昆虫会随光束逐渐盘旋下落，掉落在白铁皮做成的大漏斗诱虫器中。高空测报灯可诱捕到黑光灯难以诱到的昆虫种类。集虫笼需要定期更换，虫量大时，应缩短更换时间，防止昆虫互相碰触而影响虫体完整性和生物学特征的辨识度。有条件的话，可在灯光柱侧面放置一面反光镜，将光束投到一块白布上，能便于采集到虫体更加完整的昆虫。

(3) 性诱剂诱捕。无趋光性或趋光性较弱的昆虫可以使用昆虫性信息素来诱捕。目前，世界上已鉴定和合成的蛾类昆虫性信息素及其类似物已达2000多种。诱捕器类型分为水盆式、粘胶式、圆筒式和钟罩倒置漏斗式，这些诱捕方式可以适应不同种类昆虫的诱捕要求。

(4) 食物诱捕。利用食物吸引昆虫也是采集昆虫的好方法。利用腐肉或动物尸体可诱捕到葬甲、隐翅甲、蝇、蚂蚁等多种嗜尸性昆虫；利用腐烂水果可诱捕到果蝇、家蝇等。

(5) 色板诱捕。利用昆虫的趋色性可诱捕白天活动较强的昆虫，如利用黄板诱捕蚜虫、斑潜蝇；利用蓝板诱捕蓟马、冠蜂；利用黄板诱捕寄生蜂。

3. 震落法

对于具有假死行为的昆虫，可突然猛震其寄主植物，使其落入网中或白布袋内。这种方法也适用于昆虫不便活动时，例如黄昏或中午炎热时，可用震落法采到锹甲、蟓象、金龟子等。对于蚜虫、蓟马等小型昆虫，可以直接击落到网中或硬纸片上，也可用小毛笔收集到乙醇中。

2.2　昆虫干制标本制作

干制标本是通过人工干燥或自然干燥所得到的动物标本。这类标本制作方法广泛应用于无脊椎动物，凡具有外骨骼的一些动物，诸如虾、蟹之类，或具有几丁质壳的昆虫以及具有硬质介壳的螺贝类，都可制成干制标本。干制标本的优点是处理方便，不需要其他溶液或容器保存，还能展示动物的形态并保存色泽；缺点是有的动物标本因脱水容易收缩变形，并容易虫蛀霉变，因此在制作、保存过程中要格外注意。

2.2.1　昆虫干制标本制作常用工具

1. 昆虫针

昆虫针由不锈钢制成，用于固定昆虫。因昆虫的大小不同，昆虫针的型号也不同。按昆虫针粗细及长短分为00、0、1、2、3、4、5七种。昆虫针的基部有一铜帽，以便操作。其中0～5号，针的长度为38～45mm，0号针的直径为0.3mm，每增加1号，直径增加0.1mm。直径0.6mm粗的3号针较为常用。0号与00号针是没有针帽的，可用来制作微小型昆虫标本，使用时，需要借助小木块或小纸片，故又称二重针。

2. 三级台

三级台(见图2-3)又称平均台，由三块长短不同，但厚度相等的优质木板或有机玻璃黏合组成，每级0.8cm，三级高2.4cm，宽3cm，底长7.5cm，每级中央钻有小孔。制作标本时，将昆虫针插入虫体后，需放在三级台上进行位置高低的矫正。通常将针连虫体倒过来，将有针帽的一端插入三级台的第一级小孔中，使虫体背面露出的高度等于三级台的第一级高度。虫体下方记录采集地点、时间的第一个标签的高度与三级台第二级的高度相当，记录寄主及采集人的第二个标签的高度等于三级台的第一级的高度。

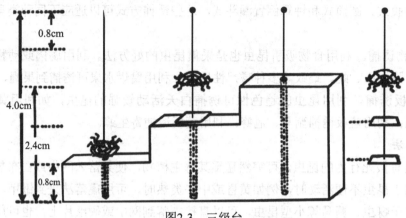

图2-3　三级台

3.展翅板

展翅板(见图2-4)是专门用于展开蝶蛾、蜂、蜻蜓等昆虫翅膀的工具，由较软而轻的木料制成，便于昆虫针的插入。展翅板的底部是一整块木板，上面装两块可以左右活动的木板；也可以是一块板固定一块板活动。这样方便调节板间缝隙的宽度，适应不同大小昆虫的展翅需要。两板中间装有软木条或泡沫塑料条板。展翅板长约为35cm、宽不等。

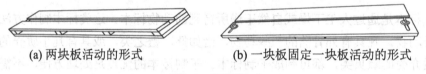

　　(a) 两块板活动的形式　　　　　　　(b) 一块板固定一块板活动的形式

图2-4　展翅板

4.还软器

还软器(见图2-5)是软化已经干燥昆虫标本的一种玻璃器皿，通常由干燥器改装。使用时，在容器底部铺上一层湿沙，并加少量石炭酸，防止标本霉变。标本还软时间随昆虫种类和季节不同而有差异，一般夜蛾类昆虫夏季还软时间两三天，冬季还软时间5～7天。

5.整姿台

整姿台(见图2-6)由松软木材或硬泡沫塑料板制成，长约30cm，宽约15cm，两侧各钉一块高35mm的板条。整姿台如为木质，应在板面上钻出有规律的小孔，孔的大小与5号针大小相同，便于针插鞘翅目、直翅目等昆虫摆好附肢的姿势。

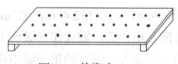

　　图2-5　还软器　　　　　　　　　　图2-6　整姿台

6. 标本盒

标本盒用来保存针插干燥标本，一般由木材或硬纸板制成。为了便于存放，标本盒大小有一定规定，其规格为长38.1cm，宽44.4cm，高7.5cm，盒盖上装有玻璃，便于隔盖观察盒内标本。为防止虫害或菌类侵入，盒盖和盒体之间要有凹凸槽口相接，使其尽量密合。盒底铺有软木板，便于插入昆虫针。这种标本盒的容量大，适宜存放，可作为展览、观摩和教学使用。

2.2.2　昆虫干制标本制作方法

1. 针插标本制作

针插标本时，一般是将虫针直刺虫体胸部背面的中央。为保证分类上的重要特征不受损伤，不同类的昆虫针插都有一定的部位(见图2-7)，鞘翅目可从右鞘翅基部插进，使针正好穿过右侧中足和后足之间；同翅目和双翅目大型种类、长翅目、脉翅目从中胸背中央偏右插入；半翅目可由中胸小盾片中央插入；直翅目可从前胸背板后端偏右插入；鳞翅目、膜翅目、毛翅目等可从中胸背面正中央插入，这样不致破坏前胸背板及腹板上的分类特征。

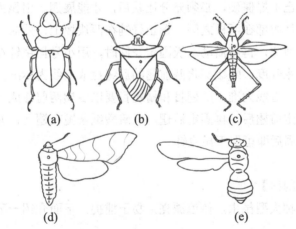

(a) 鞘翅目　(b) 半翅目　(c) 直翅目　(d) 鳞翅目　(e) 膜翅目

图2-7　各种昆虫的针插位置

鞘翅目、直翅目、半翅目的昆虫针插后，一般不必展翅，但需要整姿，方法是将针穿过整姿台小孔，用镊子将触角和足的自然姿势摆好，再用昆虫针交叉支起，放在纱橱中干燥。

微小型昆虫干制标本一般采用粘制与双插。微小型昆虫如跳甲、飞虱、小蛾和一些小型的蝇类等需要用00号针刺穿(二重针刺法)或用胶液粘在小三角纸卡上(三角台纸胶粘法)，然后用昆虫针间接固定。"二重针刺法"对于微小而坚硬的昆虫极为适用。在操作过程中，要按照规定针位用针垂直刺穿，并把标本插在小软木块上，然后用昆虫针插小木块，用三级台固定虫位，加插标签，标本和标签均位于昆虫针的左边。"三角台纸胶粘法"是在昆虫针上的三角台纸(一般底边宽4mm，长为10mm) 尖端粘上透明胶，将虫体的右侧面粘在上面，三角台纸尖端应朝左方。小型昆虫针插法如图2-8所示。

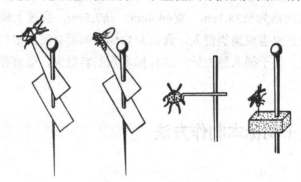

图2-8　小型昆虫针插法

2.展翅标本制作

1) 方法

鳞翅目、双翅目、膜翅目、蜻蜓目、脉翅目和直翅目等昆虫在进行形态分类工作时，需要观察它们的翅脉构造和身体两侧的特征，因此制作标本时，必须把翅展开。展翅最好是在虫体刚毒死后进行，这时昆虫胸部肌肉松软，不但展翅容易，而且经展翅后的标本也不易走样。如果虫体已干燥僵硬，必须充分还软后，才能展翅。用昆虫针刺穿的虫体，插进展翅板的凹槽内，使腹部在两板之间，翅正好铺在两块板上，然后调节活动木板，使中间空隙与虫体大小相适应，再将活动木板固定。同时，用小号昆虫针在翅的基部挑住较粗的翅脉，以调整翅的张开度。蝶蛾类将两前翅的后缘拉成直线为标准；蝇类和蜂类以两前翅的顶角与头左右成一直线为准；脉翅目和蜻蜓目要以后翅两前缘成一直线为准。移到标准位置后，用细针固定前翅后，再固定后翅，以硫酸纸条覆在翅上，并用昆虫针固定。针插后，干燥定形约一周后即可取下昆虫针。

2) 实例

【螳螂展翅标本制作】

螳螂是常见的一种大型昆虫，体色漂亮，易于捕捉。下面介绍一下螳螂展翅标本的制作方法。

(1) 毒杀。新捕捉的螳螂禁食三四天后，放入装有四氯化碳的毒瓶中毒杀。

(2) 去内脏。将螳螂放在整姿板或泡沫板上，腹面朝上，用解剖刀在腹部第二节和第三节间切一开口，用镊子小心除去腹部内脏，再用蘸有樟脑粉的脱脂棉填充腹部。

(3) 固定躯干。首先，将昆虫针从螳螂中胸的腹面垂直刺入，把标本腹面向上插在泡沫板上，再用昆虫针固定螳螂头部，提拉前足，简单固定胫跗节，最后调整姿态。

(4) 展翅。用镊子将一侧前翅向前提拉，与虫体成75°左右夹角，保证前后翅不重叠，覆盖硫酸纸，用昆虫针在翅膀边缘固定，不要伤及翅膀；另一侧方法相同。后翅拉到前缘水平，不要扯破，用针固定。

(5) 展足。用昆虫针在前后翅之间的缝隙处将中足交叉固定。后足腿节抬平，胫节向下，跗节与胫节保持直线，用针固定。前足腿节抬平，胫节向上，跗节抬平，用针固定。

(6) 固定头部及触角。头摆正，触角尽量捋直，对称固定。

(7) 用昆虫针固定尾须。

(8) 标本自然风干后，将固定用的针拔除，标本从泡沫板取下。把插在中胸上的针拔出后再从背面穿回去，装盒。

螳螂展翅标本如图2-9所示。

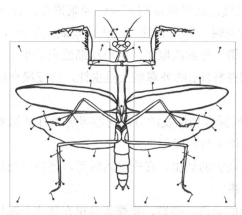

图2-9　螳螂展翅标本

【蚤蝇展翅标本制作】

小型蝇类也可做展翅标本，下面介绍一下蚤蝇的展翅方法。由于蚤蝇微小，通常为3~5mm，所以整个展翅过程在体式显微镜下进行，步骤如下所述：

(1) 将大的高密度EVA针插板剪成边长5cm的正方形小块。

(2) 模拟制作展翅板，用解剖刀在针插板的中央刻一条凹槽，其宽度、深度与虫体大小相适应。

(3) 将刚毒杀的蚤蝇或75%乙醇浸泡的蚤蝇标本干燥后，小心地放入凹槽中，在体式显微镜下，用自制解剖针(将昆虫针固定在竹筷上，针尖略弯)在翅基部勾起，将翅向前提至与虫体垂直，压上硫酸纸小条，在翅的上下插上1号昆虫针固定；在硫酸纸小条的两端针插固定。另一侧也采用同样的方法。

(4) 向凹槽内注入75%乙醇，没过虫体，乙醇挥发干后，再补加两三次，之后，放入冰箱，展翅3~5天。

(5) 撤针，取下蚤蝇，腹面朝上。在三角台纸的尖端粘上两面胶，将蚤蝇胸部位置粘起来，针插，装盒。

3. 幼虫干制标本制作

将幼虫或蛹体内的内脏排出，吹胀加温使其干燥。幼虫吹胀后，制作的干燥标本能保持原来颜色，虫体上的环节、斑纹等都显示得很清楚，比液浸标本更适于观摩、展览。幼虫干制标本制作步骤如下所述。

(1) 去内脏。将躯体完整的活幼虫平放在较厚的纸上或解剖盘中，腹面朝上，头朝向操作者，尾向前展直。用一玻璃棒(或圆木棍、圆铅笔杆)从头胸连接处向尾部轻轻滚压，使虫体的内含物由肛门渐渐排出，反复滚压数次，直到虫体的内含物全部压出，用镊子或剪刀去掉压出物，留一段直肠，只剩一个空的虫皮。

(2) 吹胀。取医用注射器，拉空针管，将针头插入肛门，然后用一细线将肛门与尾部插针处扎紧。之后，将虫体连同注射器一起移到烘干器上加温吹胀。

(3) 烤干。烘干器是一个放在酒精灯架上的酒精罩，把扎在针头上的虫体轻轻送入罩内，点灯加热；也可把虫体放在瓦数较小的电炉上烘烤。操作时，一边加热，一边徐徐推动针管，向虫体内注入空气，此时注意观察虫体伸胀情况，并反复转动虫体使之烘干均匀，待恢复虫体的自然状态时，即停止注气。虫体彻底烘干后，移出罩外，在尾部扎线处，滴一小滴清水，用小镊子把细线取下，用一粗细适当的小玉米秆或火柴棍从肛门插入虫体，以支撑虫体，然后在杆(棍)的外端插上昆虫针，用三级台固定虫位，插上标签，幼虫吹胀的干制标本即完成。

(4) 加标签。幼虫干制标本加标签的方法可参考昆虫针插标本的标签制作，除采集鉴定信息外，通常要加入制作人与时间信息。

需要指出的是，个体较大的幼虫，在去除内脏后，还可以用注射器由肛门处缓慢注射硅胶进行填充，效果也不错。

对于中大型的鸣虫，如螽斯、蝈蝈、蟋蟀等昆虫在制成干制标本装盒后，可在其旁边以暴露或隐藏的方式放置一事先录好昆虫鸣叫声的按键型音乐发生器或贺卡机芯。通过按压开关，在观察标本的同时还可以听见鸣叫声，丰富标本资料。

2.3 昆虫浸制标本制作

制作昆虫浸制标本时，成虫直接浸泡，幼虫需用开水烫死，饱食的幼虫应饥饿一两天，待消化排净粪便再做处理。

保存液具有杀死、固定和防腐的作用，为了更好地使昆虫保持原来的形状和色泽，保存液常需用几种化学药剂混合起来，常用的保存液有下列几种配方(见表2-1)。

表2-1 常用保存液配方

保存液	配方	使用方法
乙醇保存液	70%～75%乙醇，0.5%～1%甘油	直接浸泡
福尔马林保存液	福尔马林1份，蒸馏水17～19份	直接浸泡
乙酸、福尔马林、乙醇混合保存液	90%乙醇15mL，福尔马林5mL，乙酸1mL，蒸馏水30mL	直接浸泡
乙酸、福尔马林、白糖混合保存液	乙酸5mL，福尔马林5mL，白糖5g，蒸馏水100mL	直接浸泡
红色幼虫保存液	固定液(使用前稀释一倍)：福尔马林200mL，乙酸钾10g，硝酸钾20g，水1000mL 保存液(使用前稀释一倍)：甘油20mL，乙酸钾10g，福尔马林1mL，水100mL	先将幼虫用开水烫死，晾干，放入固定液中约一周，最后投入保存液中保存

(续表)

保存液	配方	使用方法
绿色幼虫保存液	注射液：95%乙醇90mL，甘油2.5mL，乙酸2.5mL，氯化铜3g 保存液：乙酸5mL，福尔马林4mL，白糖5g，蒸馏水100mL	将注射液从饥饿几天的幼虫肛门注入，10～12小时后投入保存液保存
黄色幼虫保存液	注射液：苦味酸饱和水溶液75mL，乙酸5mL，福尔马林25mL 保存液：乙酸5g，白糖5g，福尔马林25mL	将注射液从饥饿几天的幼虫肛门注入，10～12小时后投入保存液保存
卵保存液	乙醇甘油	直接浸泡

2.4　昆虫玻片标本制作

2.4.1　小型昆虫玻片标本制作

玻片标本适用于体型极小的昆虫，如蚤蝇、跳蚤、蚜虫等，这些小型昆虫必须用显微镜或放大镜观察形态特征。下面介绍蚤蝇玻片标本的制作。

1. 干标本的还软

对于采集较久的干标本，应先用Barber还软液还软。Barber还软液的配方：95%乙醇330mL、蒸馏水300mL、乙酸乙酯150mL、乙醚120mL、乙酸10～20滴。

干标本直接投入配制好的还软液中，几天后待标本的各关节用解剖针挑动可自由活动时即可取出，再投入75%乙醇中浸渍保存或直接制成玻片标本。还软时间的长短视标本干燥程度有所不同。

2. 标本的解剖

将蚤蝇浸泡在75%乙醇中，在体式显微镜下，用解剖针分离蚤蝇躯体各部分形态特征结构。

3. 配制封片剂

通常使用贝氏(Berlese)封片剂在玻片的指定位置固定已解剖的蚤蝇各部分。贝氏封片剂制成的玻片标本透明度高，且标本不必脱水，从75%的乙醇中取出即可封片，胶体脱去水分即成干固透明的标本，标本可永久保存。

贝氏封片剂配方：阿拉伯胶12g、水合氯醛晶体20g、乙酸5mL、50%(质量分数)葡萄糖浆8mL、蒸馏水30～40mL。

配制时，将蒸馏水倒入阿拉伯胶中，待阿拉伯胶全部溶解后，除去渣滓，再加入水合氯醛晶体和冰乙酸，待晶体全部溶解后加入葡萄糖浆。配好的封片剂可密封保存。

4. 制片

按照图2-10所示，在显微镜下将标本放在载玻片各处，盖上圆形玻片封片。

如果标本体色较深，黑色或黑褐色，则需先用10%氢氧化钾或10%氢氧化钠将标本略微脱色后，再进行制片，否则制成的玻片标本难以达到透明的程度，在显微镜下不易观察。但如果脱色过度，加之封片剂本身也具有一定的脱色作用，则制成的玻片标本在显微镜下拍照的效果不佳。

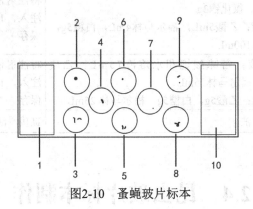

图2-10　蚤蝇玻片标本

1-鉴定标签　2-胸　3-后足　4-头　5-腹部　6-平衡棒　7-中足　8-右翅　9-前足　10-采集标签

2.4.2　昆虫组织切片标本制作

为了更好地观察昆虫内部器官、组织的特征，需要利用石蜡切片方法制备玻片进行观察。下面介绍蚤蝇组织切片的制作方法。

1. 预处理与固定

收集3龄幼虫和发育至36h的蛹作为材料，蛹去除头部蛹壳或整体蛹壳。按V(无水乙醇) : V(氯仿) : V(冰醋酸) = 6 : 3 : 1，或V(无水乙醇) : V(冰醋酸) = 3 : 1，制成Carnoy固定液，固定标本12h以上，固定后可退回70%乙醇内保存。如果标本为蚤蝇成虫活体，需放置于事先冷冻好的冰袋上，将其进行冻麻处理，趁其麻痹状态迅速除去足和翅后，直接加入4%多聚甲醛-TritonX-100混合固定液，放置于4℃冰箱内固定24h。

2. 逐级脱水与透明处理

(1) 逐级脱水处理。将固定后的蚤蝇标本进行逐级脱水处理，依次在70%乙醇、80%乙醇、90%乙醇、95%乙醇、100%乙醇Ⅰ、100%乙醇Ⅱ的试剂中脱水。

(2) 透明处理。将脱水处理的蚤蝇标本进行透明处理，使其分别在V(二甲苯) : V(乙醇)=1 : 3、V(二甲苯) : V(乙醇)=2 : 3、100%二甲苯Ⅰ、100%二甲苯Ⅱ中处理。

在100%乙醇脱水处理以前的步骤，每一个步骤处理时间为30min以上，100%乙醇脱水处理时间应控制在20min以内，后续进行透明处理时，时间应严格控制在5min以内。

3. 浸蜡处理

(1) 预热。首先将熔点为55～60℃的石蜡放在设定恒定温度为60℃的蜡缸内进行融化；然后将二甲苯与石蜡体积比为1 : 1的混合液放在设定恒定温度为55℃的包埋左箱内进行预热；最后将纯石蜡放在设定恒定温度为60℃的包埋右箱内进行预热。

(2) 浸蜡。将处理好的蚤蝇标本浸入二甲苯和石蜡混合液(1 : 1)中，设定浸制时间为2h，然后将其转移到纯石蜡中，设定浸制时间为4h以上，以确保石蜡能够完全浸入蚤蝇体内。

以上所有操作均在Leica EG1150H包埋机内进行，浸制过程均在配套使用的钢制包埋盒内完成。

4. 包埋

将盛有石蜡及蚤蝇标本的钢制包埋盒从右包埋箱中取出，放置于Leica EG1150H包埋机操作台上(设定温度60℃)，保持石蜡溶解状态，将包埋盒内蚤蝇标本用镊子小心取出，转移到新的盛有液体石蜡的包埋盒内，使用解剖针调整好蚤蝇虫体位置后，快速将包埋盒转移到操作台中央的冷却区，将其固定，同时将塑制包埋载片盖在包埋盒敞口处，并压实，使石蜡与塑制包埋载片完全接触，然后再将半凝状态的包埋盒转移到Leica EG1150C冷却台上(设定温度-6℃)进行批量快速冷却，冷却好的蜡块会与包埋盒自然脱落，能轻易取出。

5. 切片及贴片

(1) 预先将Leica EG1150H包埋机操作台设定恒定温度50℃，进行预热；将全新未使用过的载玻片全部放置到70%乙醇中浸泡过夜，取出后使用滤纸吸除多余乙醇，待载玻片完全无乙醇残留之后，用食指蘸取极其微量的甘油蛋白贴片剂，均匀地涂抹在载玻片上之后，将其放回操作台上预热备用。

(2) 将冷却好的蜡块固定在Leica RM2235切片机的蜡块夹中，调整蜡块与刀片之间的距离，使用搭载型号为Leica 819钢刀刀片的Leica RM2235轮转切片机进行连续切片，切片厚度设置为8μm。

(3) 选取切好的蜡带，小心放置在预处理过的载玻片上。由于载玻片事先预热，所以蜡带放上之后即刻舒展、展平，放回操作台进行水分去除处理。

(4) 整个贴片过程应注意蜡带放置顺序，及时进行编号记录，以免将顺序打乱影响后续观察。

6. 干燥

将贴好的切片放置于设置温度为37℃的电热恒温箱内，进行干燥处理，时间应为12h以上。

7. 脱蜡、染色及透明

脱蜡、染色及透明的实验操作全部在室温下、染色缸中进行。将干燥完成的切片按照以下步骤完成脱蜡、染色及透明处理。

脱蜡及染色处理过程：

100%二甲苯Ⅰ 5min → 100%二甲苯Ⅱ 5min → 100%二甲苯Ⅲ 5min

↓

95%乙醇5min ← 100%乙醇Ⅱ5min ← 100%乙醇Ⅰ 5min

↓

90%乙醇5min →80%乙醇5min →70%乙醇5min →蒸馏水15min

↓

伊红染色液2min ← 分化液1min ←返蓝液1min ← 苏木精染色液5min

透明处理过程:

伊红染色液2min→蒸馏水5min→70%乙醇5min→80%乙醇5min→90%乙醇Ⅰ5min

100%二甲苯Ⅰ5min ← 100%乙醇Ⅱ5min ← 100%乙醇Ⅰ5min ←95%乙醇Ⅱ5min

100%二甲苯Ⅱ5min → 100%二甲苯Ⅲ5min

8. 封片与干燥

滴加适量中性树胶进行封片,将封好的切片放在室温条件下干燥24h以上。

9. 保存

将完全干透的玻片,贴标签,装盒保存。

2.4.3 昆虫染色体标本制作

细胞遗传学研究是揭示害虫发育、进化、抗逆性、适应性的基础性工作。研究内容包括分析染色体核型、有丝分裂、减数分裂、特殊染色体、染色体结构与数量变异等。因此,常需要制作染色体标本,本节以蚤蝇为例介绍染色体的制片技术。

1. 染色体制片

(1) 材料采集。

蚤蝇用肉块饲养,待其在肉上产卵,孵化出幼虫,选择3龄幼虫制作标本。

(2) 药品配制。

① 0.1%秋水仙素的配制:取0.1g原装秋水仙素溶于100mL双蒸水中,然后冰箱贮藏备用。

0.01%秋水仙素溶液的配制:取0.1%秋水仙素10mL,加双蒸水至100mL即可。

② 固定液的配制:甲醇和乙酸体积比 3:1,现用现配。

③ 林格(Ringer)液的配制:氯化钠3.25g、氯化钙0.06g、氯化钾0.07g、硫酸镁0.10g,溶于 500mL蒸馏水中即可。

④ 0.075mol/L 氯化钾溶液的配制:5.59g 氯化钾溶于1000 mL蒸馏水中。

⑤ 60% 乙酸的配制:600μL乙酸,加蒸馏水至1mL。

⑥ 吉姆萨(Giemsa)染色液的配制。

首先配制吉姆萨原液。取吉姆萨粉剂0.5g,加少量甘油研磨至无颗粒(约30min以上),再加入甘油,两次加入甘油共达30mL,放入56℃水浴中加热,促使溶化。冷却后加入甲醇3mL,室温下放置两三周后,过滤使用。

其次配制磷酸缓冲液(pH6.8)。A液为0.067mL/L磷酸二氢钠:9.078g 磷酸二氢钠在烧杯中溶解后定容于1000mL的容量瓶中。B液为0.067mL/L十二水磷酸二氢钠:23.86g 十二水磷酸二氢钠在烧杯中溶解后定容于1000mL的容量瓶中。A液和B液以1:1比例混合可以得到pH值为6.8的磷酸缓冲液。

将吉姆萨原液、pH6.8的磷酸缓冲液按2:18的比例混合即可得到吉姆萨染色液。

(3) 制片过程。

制片方法可选择冰冻揭片法和空气干燥法。

【冰冻揭片法】

① 取材：从饲养的三角瓶中挑选健壮的3龄幼虫放于林格液中，把幼虫放在滴有林格液的载玻片上，在解剖镜下用刀片切取幼虫头部，剩余部分马上转入含有提取缓冲液的1.5mL离心管中，做好标记，放入超低温冰箱中，备用。用解剖针解剖出脑神经节。挑选早期雄蛹或刚羽化的雌蝇，在解剖镜下用解剖针分离出性腺。

② 预处理：把脑神经节放在预先加入0.01%秋水仙素的林格液中，在25℃条件下培养30～40min。

③ 低渗：把预处理的材料用0.075mol/L 氯化钾处理20 min。

④ 固定：把低渗的材料用新配的乙酸甲醇固定液固定30min。

⑤ 压片：把固定的材料置于干净的滴有少许60%乙酸的载玻片上，盖上盖玻片，用镊子或解剖针敲击盖玻片，使细胞破碎并均匀分散在玻片上，然后放入液氮冰冻揭片或放入-20℃冰箱中，5min后取出，向盖玻片位置哈一口气，用刀片揭片，自然干燥。

⑥ 吉姆萨染色：将上述处理的玻片标本用吉姆萨染色液扣染30min。

⑦ 封片：上述处理好的玻片标本置于室温下无尘处自然干燥1天左右，再用中性树胶封片，制成永久玻片标本，供后续观察分析。

⑧ 镜检、标记：在光学显微镜下进行观察，选取合适的分裂相，在玻片边用笔进行标记，以备拍照。

⑨ 显微摄影：利用Olympus数码显微镜进行显微摄影，并拍摄同倍率的测微尺，利用Photoshop7.0进行照片处理。

【空气干燥法】

① 取材：挑选健壮的3龄幼虫放于林格液中，把幼虫放在滴有林格液的载玻片上，解剖镜下切下幼虫头部，用于脑神经节的分离。残余部分转移到1.5mL离心管中备用。挑选早期雄蛹或刚羽化的雌蝇，在解剖镜下分离出性腺。

② 预处理：把脑神经节放在预先加入0.01%秋水仙素的林格液中，在25℃条件下培养30～40min。

③ 低渗：把预处理的材料用0.075mol/L 氯化钾处理20min。

④ 固定：把低渗的材料用新配的乙酸甲醇固定液固定30min。

⑤ 解离：把固定的材料置于滴少许乙酸的载玻片上，解剖针弄碎，放到50℃的电热板上，使液体迅速蒸干或滴1滴固定液，2min后倒掉剩余液体，自然干燥。

⑥ 吉姆萨染色：将上述处理的玻片标本用吉姆萨染色液扣染30min。

⑦ 封片：上述处理好的玻片标本置于室温下无尘处自然干燥1天左右，再用中性树胶封片，制成永久玻片标本，供后续观察分析。

⑧ 镜检、标记：在光学显微镜下进行观察，选取合适的分裂相，在玻片边用笔进行标记，以备拍照。

⑨ 显微摄影：利用Olympus数码显微镜进行显微摄影，并拍摄同倍率的测微尺，利用

Photoshop7.0进行照片处理。

(4) 数据分析。

染色体参数计算公式

染色体绝对长度=放大的染色体长度(μm) ×1000/放大倍数

相对长度=(染色体长度/染色体组总长度) ×100%

臂比值=长臂(*L*) /短臂(*S*)

着丝粒指数=短臂(*S*) /单条染色体长度×100%

利用SPSS13.0进行数据统计。以臂比指数为基础，即1.0～1.7为中着丝粒染色体，1.7～3.0为亚中着丝粒染色体，3.0～7.0和7.0以上为亚端和末端着丝粒染色体。着丝粒指数12.5～0的为端部着丝粒(t)染色体，25.0～12.5 的为亚端部着丝粒(st)染色体，37.5～25.0的为亚中部着丝粒(sm)染色体，50.0～37.5的为中部着丝粒(m)染色体。根据染色体相对长度统计结果绘制核型模式图。

2. 染色体分带

染色体分带是借助于物理、化学处理中期染色体，使其显现出深浅不同的带纹。各物种的每一条染色体其带纹的数目、位置、宽度及深浅都有相对的恒定性，因此染色体分带是染色体识别的重要依据。

1) 药品配制

(1) 2×SSC液的配制：0.3mol/L氯化钠和0.03mol/L柠檬酸钠得到，即17.54g氯化钠、8.82g柠檬酸钠同时溶于1000mL蒸馏水中。

(2) 5%氢氧化钡溶液的配制：称取5g氢氧化钡加入100mL沸蒸馏水中溶解后过滤，冷却至18～28℃。

(3) 0.2 mol/L盐酸溶液的配制：量取16.25 mL浓盐酸(相对密度1.19)，溶于900mL蒸馏水中，定溶至1000mL。

(4) 0.2%胰蛋白酶溶液的配制：称取0.1g胰蛋白酶溶于50mL蒸馏水中。

(5) 50% 硝酸银溶液的配制：称取5g硝酸银溶于10mL蒸馏水中。

(6) 2%明胶溶液(内加1%甲酸)的配制：称取2g明胶加到100mL蒸馏水中，加热溶解，加入1mL甲酸溶液，混匀待用。

2) 制备染色体

(1) 取材：从饲养的三角瓶中挑选健壮的3龄幼虫放于林格液中，把幼虫放在滴有林格液的载玻片上，在解剖镜下用解剖针解剖幼虫取出脑神经节。挑选早期雄蛹或刚羽化的雌蝇，在解剖镜下用解剖针分离出性腺。

(2) 预处理：把脑神经节放在预先加入0.01%秋水仙素的林格液中，在25℃条件下培养30～40min。

(3) 低渗：把预处理的材料用0.075mol/L 氯化钾处理20min。

(4) 固定：把低渗的材料用新配的固定液(甲醇∶乙酸=3∶1) 固定30 min。

(5) 解离：把固定的材料置于滴有少许乙酸的载玻片上，解剖针弄碎，放到50℃的电热板上，使液体迅速蒸干或滴1滴固定液将细胞打散，2 min后倒掉剩余液体。

3) 染色体分带技术

常用的染色体分带技术有C-带技术、G-带技术、NOR带技术等。

(1) 染色体C-带。

① 将老化的染色体制片置于装有5%氢氧化钡溶液的染色缸中，然后在60℃左右恒温水浴锅内处理10～30s。

② 经氢氧化钡处理后的染色体制片，应立即置于同温度的蒸馏水下冲洗，置2×SSC液中于60℃水浴锅中温育1h以上(可过夜)，然后再以蒸馏水冲洗。

③ 将上述染色体制片放入吉姆萨染色液中染色20min以上，再用蒸馏水冲净染色体制片表面的染液，然后在磷酸缓冲液中浸泡10min，最后用蒸馏水冲洗即可(扣染也可以)。

④ 室温无尘干燥后，以中性树胶封片，制成永久染色体制片标本。

⑤ 在光学显微镜下观察，选取所需分裂相。

⑥ 选取分散良好分裂相进行拍照，保存为JPEG格式。

⑦ 将拍照好的图像经Photoshop软件处理。选取适当数量的分裂相，用游标卡尺逐一测量每一个分裂相中的每一染色体的长度、C-带位置及长度等指标。

(2) 染色体G-带。

① 将制好的染色体玻片标本，置入37℃预温的0.2%胰蛋白酶溶液中处理3s。

② 将处理好的染色体玻片标本，置入75%和100%的乙醇中处理数秒。

③ 将上述处理的玻片标本用吉姆萨染色液染色15～20min后，用磷酸缓冲液冲洗玻片，防止吉姆萨颗粒附着在玻片上影响实验效果。该步骤中的染色时间随前面各步处理时间长短和程度而异。实验中采用的是扣染法。

④ 上述处理好的玻片标本置于室温下无尘处自然干燥1天左右后，用中性树胶封片，制成永久玻片标本，供后续观察分析。

(3) 染色体银染(NOR带)。

① 在一个大培养皿内预先加入少量的蒸馏水和一块滤纸，滤纸上放2根小玻棒(或牙签)，置水浴锅(60℃)的试管架上。

② 将标本细胞面朝上平放，加4滴50%硝酸银溶液和2滴明胶显影液，盖上水浴锅外盖避光、保温。直到标本呈金褐色为止，这个过程5min左右。

③ 移去水浴锅外盖，并用60℃左右的蒸馏水快速漂洗，晾干。

④ 上述处理好的玻片标本置于室温下无尘处自然干燥1天左右后，用中性树胶封片，制成永久玻片标本，供后续观察分析。

⑤ 在光学显微镜下进行观察，选取合适的分裂相，在玻片边用笔进行标记，以备拍照。

⑥ 利用Olympus数码显微镜进行显微摄影，并拍摄同倍率的测微尺，利用Photoshop 7.0进行照片处理。

3. 唾腺多线染色体制片

双翅目昆虫幼虫的唾腺细胞发育到一定阶段之后便不再进行有丝分裂，停止在分裂间期，随着幼虫整体器官以及这些细胞本身核体积的增大，细胞核内的染色体仍不断地进行自我复制而不分开，从而形成一束巨大的染色体，称为唾腺多线染色体。唾腺多线染色体在昆虫分类上的应用很广，利用其形态，行为的特殊性可以区别近缘种，因此，常需要制成玻片标本。

(1) 药品配制。

改良苯酚品红染色液的配制：甲液→乙液→染色体母液→改良苯酚品红染色液。

甲液：3g碱性品红，溶于70%乙醇100mL。

乙液：甲液10mL，加入5%苯酚水溶液90mL，37℃条件下温育2~4 h。

染色液母液：乙液45mL，37%甲醛6mL，乙酸6mL。

改良苯酚品红染色液：染色液母液10mL，45%乙酸90mL，山梨醇1g，放置两周后使用。

(2) 制备过程。

将蛆症异蚤蝇(或黑腹果蝇)幼虫放在滴有0.7%氯化钠的载玻片上，解剖出唾腺。将唾腺移入1mol/L盐酸溶液中处理5min左右，于自来水中过一下后，移入改良苯酚品红染色液中染色15min左右。将唾腺挑出，放在一干净的载玻片上，滴1滴45%乙酸，盖上干净的盖玻片，用滤纸吸去多余的染色液，将滤纸条裹紧盖玻片部分，用拇指按压。

在Olympus光学显微镜(1000倍)下观察唾腺染色体的数目、形态，并进行命名，观察每条唾腺染色体上的主要DNA膨突，观察膨突发生的起止时期，最大扩展时期与萎缩时期。

2.5 昆虫包埋标本制作

2.5.1 人工"琥珀"昆虫标本制作

人工"琥珀"昆虫标本制作以聚甲基丙烯酸甲酯(有机玻璃)为主要原料，在清洁的室内将经过加热预聚合的甲基丙烯酸甲酯熟单体分次倒入定形的模具内，直至将模具内的昆虫标本完全包埋。当熟单体完全聚合硬化后进行脱模，整修"琥珀"标本的外形。

1. 所需用品

所需用品有各种昆虫、聚甲基丙烯酸甲酯、凡士林、塑具胶、温箱、鼓风干燥箱、塑料杯、玻璃棒、玻璃板、纸板。

2. 制作过程

(1) 包埋前准备。将需包埋的成虫标本整理定形，干燥保存备用。昆虫体浸入生单体中约1h，使虫体与生单体完全融合。

(2) 制模底。将熟单体缓缓注入做好的模具内，厚度不超过5mm，随即将其放置在

40℃温箱中，12h后取出，再注入4～5mm熟单体，使模底已聚合的聚甲基丙烯酸甲酯的厚度不小于3mm。这样做能保持包埋的昆虫体与外界有一定的距离，也能保护制好的包埋昆虫标本在脱模时不因底太薄而破裂。

(3) 包埋标本。将浸透生单体1h的昆虫标本小心地置入模具内的设想位置，将熟单体沿着斜置的玻棒缓缓注入模具内，厚度不超过5mm。包埋的昆虫如果体积较小，可先注入熟单体，再将昆虫置于熟单体中适当的位置。熟单体注入量只需昆虫厚度的1/2，昆虫置入模具内以背向下便于操作。每次包埋后都要用玻璃将模具口盖好以防止杂物进入。包埋一两天后用针试探，如单体已凝固但未硬化时，可再加入熟单体，每次包埋厚度都不超过5mm。这样持续进行直至虫体全部被包埋，包埋的厚度要高出虫体5mm。这时，可将包埋体放置起来，让其自然完全聚合并硬化。完全硬化后即进入脱模阶段。

(4) 脱模。将包埋体从模具中小心取出，光滑干净的模具容易脱模。脱模后的标本如边缘不平整、不光滑，需用细砂轮打磨，再用抛光剂、牙膏软皮将其磨光，修整成形。

2.5.2　昆虫环氧树脂标本制作

环氧树脂AB胶是一种由环氧树脂和固化剂组成的双组分高分子材料，无毒、成本低廉，用这种材料做出的树脂标本如同琥珀标本，它包含琥珀标本的各项优势，如透明度高、保存时间长、造型美观，并且比常规的琥珀标本有更好的韧性，不易破碎。

1. 配制滴胶

A胶和B胶按体积比2.5∶1量取，倒入纸杯中，用玻璃棒顺时针搅拌大约15min，若出现气泡，用玻璃棒向杯壁驱赶。

2. 包埋

(1) 将配制好的环氧树脂AB胶缓慢灌入洁净的模具中，厚度1cm左右，视虫体大小而定。

(2) 将整姿、干燥好的标本小心放入模具中，若虫体小，添加的AB胶厚度就要薄一些，以免虫体漂浮在液面上，用针调整昆虫在模具中的位置，盖上玻璃板。室温过夜，待胶凝固后，再补一层胶。

(3) 待树脂完全固化之后，卸掉模具即得到标本。由于表面张力的缘故标本上表面边缘会有一圈锋利的突起，可用小刀片修去，若有凹陷，可以继续用滴胶补一层，直至平整。

需要注意的是，无论是用聚甲基丙烯酸甲酯还是环氧树脂AB胶包埋昆虫标本，标本必须要完全干燥。除了常规的自然风干、烘箱烘干外，还可以选择变色硅胶进行干燥。

变色硅胶干燥具体做法：首先，将标本连同展翅板，一起放进玻璃干燥缸里；然后，倒进适量硅胶，盖上玻璃缸盖；最后，缸盖之间，用凡士林密封。变色硅胶的用量越多，效果越好，因为硅胶放得越多，标本干燥就越快。

对于野外采集的标本，也可采用此方法。把装有标本的棉花包，放进厚实的塑料袋里，倒进50g左右硅胶，然后扎紧袋口。脱水后的标本，即使气温较高，也不易腐烂。

2.5.3　包埋标本模具的制作

为制作形状各异的包埋标本常需要相应的倒胶模具。

1. 制作用具

各种形状的母模、模具硅胶、固化剂、脱模剂或凡士林、敞口盒、油泥、玻璃棒、滴管、一次性手套、量杯、纸杯、毛刷。

2. 制作方法

按照硅胶与固化剂比例100∶2或100∶2.5(质量比)配制硅胶。对于形状简单的母模，如矩形、圆柱形等，可放入矩形敞口盒中，事先在四周及底部涂上凡士林，母模表面也涂上凡士林，倒入硅胶覆盖母模，可分几次倒胶，以减少气泡，凝固24h后，直接把做好的模具从母模上脱下来，剪刀适当修剪后即可使用。复杂的母模要在盒中先放置一层油泥，再将母模的一半体积按压至油泥中，倒胶，凝固后去掉油泥并预留注胶孔，按照上面的方法把另一半也倒上胶。凝固后，取出母模即可。

2.6　昆虫生活史标本制作

昆虫生活史标本是把一种昆虫的各个虫态(卵、幼虫、蛹和成虫)、植物被害状和天敌等标本有序地装在一个盒内，以表示这种昆虫的生活过程。这种标本是综合干制、浸液昆虫标本及压制腊叶标本于一体，这几种制作方法前文已有介绍，下面介绍昆虫生活史标本制作所需用品。

1. 标本盒

标本盒多种多样，一般为37cm×22cm×2cm盖有玻璃的硬纸盒。盒内可装满棉花，放入标本；用松紧带把指形管标本固定于盒底；成虫标本也可针插于盒中，并在盒的一角做一小盒放置防标本虫的药剂。

2. 指形管

指形管(见图2-11)用来装卵、幼虫、蛹等虫态。制作时，先将脱脂棉剪成长条，用乙醇或其他保存液浸透，把标本放在棉花上，一起装入管中。淡色标本在棉花上不明显，可垫以黑纸。然后加满保存液，拧紧盖子。最后石蜡封口。

3. 装盒及标签

标本依次自左向右排列，分别加上卵、幼虫、蛹和成虫等的标签，在盒的左下角放上总的标签或说明，加盖。

昆虫生活史标本如图2-12所示。

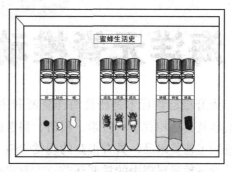

图2-11　指形管　　　　　　　　　　图2-12　生活史标本

第3章
海洋无脊椎动物标本制作

海洋无脊椎动物标本是研究海洋资源和生态方面的重要实验材料，是海洋生物学、水产养殖学及其他相关学科教学、科研、科普的基础。同时，一件制作精美的标本也是一个有价值的工艺美术品，具有很高的观赏价值。海洋生物标本的采集、制作和保存技术已成为相关学科教学科研中的重要环节。本章将介绍常见的海洋无脊椎动物的采集，浸制标本、干制标本、玻片标本等的制作，使读者能对常见海洋无脊椎动物标本制作的各种技术和方法有所认识和了解，并能按照操作步骤独立制作标本。

3.1 海洋无脊椎动物的采集

3.1.1 采集前的准备

1. 选择好采集地点

标本采集前，要了解采集生物的分布情况。海洋生物地域分布特征比较显著，不同海域、同一海域深海区、浅海区、近岸带、潮下带、潮间带、潮上带分布着不同的生物，只有掌握了标本分布情况，才能做到有的放矢地采集。

2. 选择好采集时间

很多海洋生物生活史具有季节性，不同季节和水温海洋生物处于不同的生长阶段，比如要采集繁殖期的生物样本首先要了解其繁殖季节；其次要注意潮汐的变化，一是因为不同的海洋生物生活在水深不同的海区，潮汐的变化影响采集的难易程度；二是潮汐的变化影响出行的时间。

3. 了解采集对象生活和生理习性

不同的海洋生物生活习性有很大的不同，比如贝类是固着还是掘洞生活等。另外，一些海洋生物有毒，采集前要做好防范措施。

4. 配备合适的采集设备和工具

根据不同海洋生物生活环境和生活习性配备不同的采集设备和工具。一些海洋生物生活在较深的水层，需要有潜水人员和潜水器材；一些海洋生物固着或掘洞生活，采集需配备合适的工具(桶、铲子、尖头凿刀、镊子)；深海海域生活的海洋生物采集要随船而行。

3.1.2　标本的采集

1. 贝类标本采集

贝类标本采集主要分潮间带采集和潮下带采集。

(1) 潮间带采集。待退潮后到达采集地点，可在海滩上采集一些死去的贝壳。这些贝壳由于风浪的冲刷大多堆集在高潮区附近，采集时注意小心拨动沙土，以防损坏较薄的贝壳或贝壳上的棘刺。

(2) 潮下带采集。对于一些栖息于浅海或较深海域而潮间带无法采集的贝类标本，主要通过底拖网、采泥、潜水等方式采集；也可以从渔民、贝壳商或水产码头市场等处购买。

2. 甲壳类标本采集

一些有经济价值的甲壳类生物大多可在市场购得，其他一些游动海洋生物可利用各种渔具捕捞获得，深海处的穴居甲壳类生物可潜水采取，在潮间带生活的蟹类可以直接抓取，潮间带穴居的甲壳类生物可通过工具挖掘采集。

3. 其他常见海洋生物的采集

其他常见的海洋生物主要为腔肠动物、星虫动物、环节动物、棘皮动物等。

腔肠动物常见的是水螅和海葵。采集水螅时，可以先用广口瓶舀取池水，再用镊子轻轻夹取附有水螅的水草，放入瓶内。盛放水螅的容器不要加盖，避免水螅因缺氧而死亡。采集海葵时，需要借助尖头凿刀，将海葵连同其固着的一部分岩石一起凿下来，放入盛有海水的小桶中。

星虫动物、环节动物生活在潮间带；棘皮动物海参、海胆、海星等营底栖穴居生活，可根据每种海洋生物的习性来采集。

需要注意的是，采集样品不能过于频繁，不能一次把某地的样品都采完，要保留繁殖的成体，保护好幼体。采集时要做好详细记录，分类保存，对每种标本要编号，记录采集日期、产地、水温气温、种名、色泽、生活环境和习性等。

3.2　海洋无脊椎动物的浸制标本制作

3.2.1　贝类浸制标本制作

1. 记录活体标本状态

在贝类活体制作浸制标本之前，先记录活体标本的体色，在标本未受惊吓时用游标卡尺测量其生活状态的体长、体宽，也可拍摄生活状态下的照片作为后续研究的参考依据。

2. 通过窒息法或麻醉法使活体标本死亡

(1) 窒息法。

首先，需要清洗采集到的活体标本。清洗时避免破坏贝壳上的刺毛、鳞片等构造。然后，将清洗后的活体标本置于大型标本瓶中，在标本瓶中加满淡水，盖上瓶盖，用胶布封口，使活体贝类在标本瓶里不习惯淡水生活，慢慢移动身体，挣扎，把腕足、触手伸张出来，待其窒息死亡为止，一般需12～20h。

(2) 麻醉法。

常用的麻醉剂有硫酸镁、乙醇、氯化镁、薄荷、三氯乙醛等。

活体标本的清洗方法同窒息法。清洗后，将活体标本置于玻璃容器内，加入淡水，使之浸过动物体50～80mm，将容器放在不受震动、光线较暗的地方，使其缓慢移动，缓慢的把腕足、触手伸张出来，待其全部伸张出来，用滴管轻轻吸入一定量的麻醉剂，4～6h就可以麻醉并致死贝类个体。麻醉时，乙醇的剂量通常为2%～5%，硫酸镁饱和溶液的剂量为8%～10%。

贝类个体窒息死亡后，它的腕足、触手全都伸张出来。检查其是否死亡可采用针刺法：用一根铁针刺其身体，若有反应，说明贝类并未死亡；若无反应，说明贝类已经死亡了。

3. 标本制作过程

首先，将已死的贝类用淡水冲洗干净，再用棉线缚在玻璃板上，摆好姿态，将腕足、触手、身体摆成像活的时候一样，然后将标本置于70%～75%的乙醇溶液中进行固定，随后更换3～5次固定液，即可长期保存。此外，为防止大型贝类软体部分腐烂，可向其中注射适量的5%的福尔马林溶液。

3.2.2　甲壳类浸制标本制作

通常，浸制前需要把甲壳类蟹类活体放入含有少许氯仿或乙醚的密闭容器中麻醉30min，防止活体直接放入福尔马林溶液固定时出现附肢自切现象。之后用10%福尔马林溶液固定即可。

对于甲壳类虾类，无论是海产的对虾、毛虾、龙虾，还是淡水产的长臂虾、米虾等，首先将材料放在5%福尔马林溶液中杀死并固定。依据个体大小不同，固定2～7h不等，然后取出缚在玻璃片上，在新的5%的福尔马林溶液中保存。

3.2.3　其他常见海洋生物浸制标本制作

腔肠动物和棘皮动物、星虫动物、环节动物一般有触手或可以伸缩，为防止其身体固定时收缩，先放入新鲜海水中使其恢复自然状态，以1%的硫酸镁溶液麻醉后，用7%的福尔马林将其杀死，然后移入10%的福尔马林固定液中保存。

3.3　海洋无脊椎动物干制标本制作

3.3.1　贝类干制标本制作

大多数贝类具有美丽多彩的贝壳，长时间浸泡会影响贝壳的颜色和光泽度，因此，贝类比较适合干制保存。

1. 贝壳标本的制作

1) 壳肉分离

(1) 双壳纲贝类可用刀子快速插入双壳之间，剖断闭壳肌，使双壳张开，再用小刀刮去里面的肉。

(2) 腹足纲贝类采用下述 3 种方法进行壳肉分离。

① 先将活体标本干死或用淡水杀死，放在阴凉处，待其腐烂后，再用淡水冲洗。

② 先将活体标本埋入干沙内待其自然腐烂，再清洗干净。

③ 先将活体贝类装入塑胶袋密封，置于 -80℃冰箱内冷冻，$24\sim48$h 后取出，待其解冻后，用镊子、刀或其他工具取出贝肉，然后将壳内所有贝肉残物冲洗干净，最后用脱脂棉将贝壳内外彻底擦拭阴干。

(3) 多板纲标本(如石鳖)可放到 70% 乙醇溶液中保存，也可放在木板上用细线捆好固定，待死后阴干即可。

(4) 一些个体较小的贝类可用 70%～75% 的乙醇固定 24h，完成固定后取出风干。

2) 后续制作

将经过壳肉分离并清洗阴干的贝壳用 70%～75% 的乙醇消毒擦拭，风干后即制成了贝类的干制标本。

2. 厣标本的制作

厣是腹足纲着生于后足上面的板状结构，软体部缩入贝壳内后，借厣堵封壳口。厣的形态是贝类分类的重要依据之一。对于有厣的标本，我们需要将厣和贝壳同时保存。厣的制作较为简单，一般是在干制好的腹足类标本体内放入适量的脱脂棉，将干制好的厣黏附在壳口处即可。

3. 贝类的外生殖器、颚片和齿舌标本的制作

(1) 外生殖器标本的制作。

首先，解剖贝类标本，取出外生殖器，解剖从生殖孔的对面侧方位开始，以免破坏标本的区别特征。然后，将取出的外生殖器浸泡在 30% 的乙醇溶液中，进行观察和研究。

(2) 颚片和齿舌标本的制作。

第一步，从贝类头部取出口球(含有颚片和齿舌)部分，将其置于 10% 的氢氧化钠或氢氧化钾溶液中，静置 24h。

第二步，取出后擦拭干净，置于 100W 白炽灯下距灯泡 2～5cm 处加热 10～15min，即

可使颚片和齿舌周围的组织消化掉，切忌用明火加热，以防损坏标本。

第三步，组织消化后将颚片和齿舌用双蒸水反复冲洗。

第四步，将冲洗后的颚片和齿舌用Orange G染色1h，也可用苏木精染色。染色完成后再用双蒸水冲洗，并用20%的盐酸溶液脱色，再用水冲洗。

第五步，将颚片和齿舌置于无水乙醇中连续脱水2次，脱水时注意用镊子将齿舌抚平。

第六步，将颚片和齿舌分别以聚乙烯醇胶封片，封片时应注意将齿舌的齿面朝上。齿舌也可不经染色而直接封片观察，效果也较好。

3.3.2　甲壳类干制标本制作

1. 虾标本的干制

虾的干制标本尽量选取大型、结构完整的种类，如对虾、龙虾等。虾的须很长，在各步骤的处理中，一定要注意。具体步骤如下所述。

(1) 鲜虾放在10%的福尔马林溶液中固定。

(2) 7～10天后取出虾，将头胸部与腹部分开，分别除去两部分中的肌肉和内脏。步足和游泳足不必单独拿下，也不用去掉其中的肌肉，注射一定量的亚砷酸饱和液即可。对于眼较大的虾，应用小型针头注入少许蜡液。

(3) 处理后的头胸部和腹部用清水缓流冲洗，然后用镊子夹棉花蘸亚砷酸饱和液从头胸部和腹部的一端开口伸入，往壳的内侧涂抹，涂抹后塞入棉花。

(4) 制作一段粗细适合的圆柱形软木，外面涂上白胶，然后将软木的一端插入头胸部，另一端插入腹部，将头胸部和腹部两部分连接起来。

(5) 将标本放在空气流通处干燥，或先放在温箱中(35～40℃)脱水一两天，然后慢慢干燥。

(6) 干燥后用一段铅丝，从胸腹部交接处的腹面插入软木中，另一端固定于台板上，标本即成。标本表面也可擦拭甘油。

2. 蟹标本的干制

(1) 去肉。蟹的步足和螯足内有较多的肌肉，因此制作时最好使之与头胸部分离，个别大的蟹每一肢节都应分离，以便除掉肌肉。去肉时，将铅丝从蟹腿的关节处伸入，搅碎蟹肉，再用清水冲出。

将头胸甲揭下，用尖镊子去除内部肌肉和内脏；腹部扁小的，可不必去肉。将去肉后的壳内涂抹亚砷酸饱和液，用注射器吸取一定量的亚砷酸饱和液注入扁小蟹类的腹部。

(2) 干燥。将标本材料放在温箱中(35～40℃)脱水一两天，然后放在通风处风干。

(3) 复原。先把螯足和步足分别用18号或20号的铅丝穿连起来，然后用水调和石膏，灌注在头胸腔(腹面甲壳和背面甲壳都要灌满)。灌好后迅速地把背面甲壳覆在腹面上，使上、下两部分的石膏液紧密接触，合为一体，恢复原状。接着迅速地把已穿连好肢(包括螯足)的铅丝一端(事先已磨出尖)，按原位置通过基节插入头胸腔的石膏中；同时也要在下端正中插一铁条，作为支柱，待石膏干燥凝固时(需要数日)，各肢便牢固地被连接在头胸部上了。继之，整理姿势，主要是把各肢的位置整理好，使之表现出生活时的状态，最后把支柱的下端插固于木底板上。

复原蟹标本时，也可用五条铅丝分别把一对螯足和四对步足左右两两相对地穿连起来；然后再用一根细铁条插入头胸腔中，再在头胸腔中把穿连各肢的铅丝用另外的细铅丝紧缚于作为支柱的铁条上，最后把腹面甲壳和背面甲壳的边缘都涂抹白胶液，将两壳贴合在一起。作为支柱的铁条的另一端要插固于木台板上。铁条和台板均要涂上油漆。上述用铅丝穿连各肢干头胸部必须在标本柔软时进行，因头胸部和各肢外骨骼干燥后再穿连铅丝容易弄坏标本。

更为简单的复原方法是不卸下螯足和步足，而是用铅丝从关节处插入去肉，待蟹肉全部去除后，用整块的、大小适中的蓬松棉花团涂上乳胶粘于蟹体部分。棉花团的另一端也涂上乳胶，将蟹的头胸甲盖在蟹体身上，与棉花团黏合，再用适量乳胶将蟹的嘴黏合。接下来类似于昆虫标本的制作，利用昆虫针对虾蟹标本整姿，风干。

(4) 上色。和虾一样，干燥或固定后的蟹体表面往往变成橙红色。所以，有条件的话，可调和油画色料进行适当的涂绘，务求接近标本的自然颜色。

3.3.3　其他常见海洋生物干制标本制作

海星、海胆类动物也可制成干制标本，一般先把动物整形，然后放入10%福尔马林固定液中浸泡6~12h，晒干即可。下面介绍海星干制标本的具体制作方法。

海星采集后，放在装有海水的桶中。首先用硫酸镁麻醉海星，一般是把硫酸镁粉末放在水面上。经过麻醉后的海星放入10%福尔马林固定液里杀死。1~2h后从福尔马林固定液中取出海星，使它腹面朝上，放在烈日下暴晒4~5h，等略微干燥后，再翻过来晒背面。这样连晒几天，直到干透，或用红外线烘箱烘干。在玻面纸盒的底部撒上些樟脑粉，然后铺垫药棉，再放入干的海星，在盒旁贴上标签，盖好盒盖，海星干制标本制作完成。

3.4　海洋无脊椎动物玻片标本制作

3.4.1　组织切片标本制作

1. 标本的固定

用于切片的组织、器官，最好采用新鲜标本。无脊椎动物石蜡切片标本常用的固定液有下面5种，如表3-1所示。

表3-1　常用固定液配方

固定液	配方	使用方法
Bouin固定液	三硝基甲酚的饱和液15mL，甲醛5mL，乙酸1mL	一般组织器官固定14h以上，胚胎标本固定4h以上
Zenker固定液	重铬酸钾2.5g，升汞4～7g，硫酸钠1g，5mL乙酸，蒸馏水100mL，pH2.5	标本固定14～24 h，水洗 24 h。70%乙醇中保存备用。需在切片脱蜡后，放入70%乙醇时依次加1%的碘，1%硫代硫酸钠脱去组织中汞化物的沉淀
FLemming固定液	1%铬酸30mL，2% 锇酸8mL，乙酸1～5mL	固定标本 22～30h，水洗24h
Mayer固定液	三硝基甲酚的饱和液200mL，25%硝酸1mL	临时配制，固定 4～18h后
Carnoy固定液	无水乙醇600mL，氯仿300mL，乙酸100mL	固定2～4h即可，80%乙醇中保存

制作标本过程中，根据实际需要选择合适的固定液固定标本。

2. 标本的包埋

针对软体动物的组织胚胎较柔嫩、多水的特点，在包埋前的脱水透明使用的乙醇、二甲苯的梯度应小一点，时间也要视标本的大小、种类、室温及固定液的不同而异，一般3～30min均可。脱水标准以进入二甲苯和乙醇混合液中不变白为度。

螺类的嗅检器、眼球、心脏、胚胎等小型标本，应在体式解剖镜下定向包埋，以便确定其切片的方向。包埋前可在脱水过程中用曙红单染，以便观察及连续切片时的排列和贴片。

3. 标本的切片

软体动物切片、贴片的程序和操作方法与一般组织胚胎学的石蜡切片相同。切片厚度5～8μm；用于显微摄影的切片，厚度以8～12μm为宜。

4. 切片标本的染色

消化道、腺体及鳃的切片宜用Heidenhain染色法。肾脏的切片用常规的H.E.即可。性腺切片的染色用H.E.或Heidenhain染色法。神经、神经节的切片用甲醛液固定后，以Cajal氏染色。螺类的眼球用一般固定液固定，切片脱蜡降至水中后用双氧水或过氯酸水或5%的盐酸乙醇脱去细胞色素；用镀银法染其神经纤维，用H.E.复染或用Heidenhain 法单染。

3.4.2 非组织切片标本制作

1. 甘油制片法

将固定后的小型软体动物的器官、卵、胚胎、幼虫经1～2h水洗后，移入盛有5%～10%的甘油液的小培养皿中，用双层纱布盖好，置于45～50℃的恒温箱中一两天，使甘油浓缩后封片。盖片四周用浓的加拿大树脂、石蜡、火漆或乳胶封固。整个过程可用甘油明胶、甘油桃胶等封片剂代替甘油，但不经浓缩，直接用于封片。

2. 加拿大树胶制片法

经固定后的着色或不着色的卵、胚、部分组织或单个器官标本，以温热的2.5%～5%的琼脂，按所需标本的方位固着于载片上，然后经等级乙醇逐级脱水，二甲苯透明后加拿大树胶封固成永久性制片。幼虫在固定前必须麻醉；在盖玻片与载玻片间应加适当粗细的玻璃丝，以防琼脂和加拿大树胶收缩时盖玻片压碎标本。

3. 贝壳磨片标本制作法

软体动物的贝壳必须先制成薄片，以便观察。大型贝壳的磨片，可用小钢锯按一定的方向和角度锯开，然后用油石或细砂轮磨至所需的厚度。小型的易碎贝壳，则需按一定角度切割成小片，用松脂贴附于毛玻璃片上，再用油石磨成薄片；然后用乙醇或二甲苯溶去松脂，洗净，以香柏油或加拿大树胶封片。在制片过程中，必须注意贝壳的切割方向和角度，否则显示的构造差异较大。

3.5　海洋无脊椎动物硅胶塑化标本制作

硅胶塑化标本制作技术由德国学者Hagens于20世纪70年代末发明，利用硅胶塑化剂对标本进行渗透，从而取代组织中的水分和脂类，以长久保存标本。

1. 制作材料

标本：蟹、虾、鲍鱼等。

试剂：10%福尔马林、55%～100%丙酮、生物塑化硅胶、硅胶硬化剂、电热恒温培养箱。

设备：旋片式真空泵、带有透视窗的真空箱、负压表、玻璃容器。

2. 制作方法

(1) 固定。选取个体匀称、无缺损结构器官的无脊椎动物，用浓度10%福尔马林溶液灌注处死后的生物标本，再将整个生物标本完全浸入福尔马林溶液，1～3天后取出，用流动水冲去标本表面的福尔马林及杂质。

(2) 脱水、脱脂。将清洗后的生物标本放入体积浓度为55%丙酮溶液中两三天，将该标本取出浸泡到下一级丙酮溶液两三天，重复此操作，并逐渐增大丙酮浓度，按照55%→70%→85%→100%→100%方式进行逐级脱水，完成标本的脱水、脱脂过程。

(3) 真空浸渍。将处理好的生物标本常温浸渍在塑化硅胶中一两天，再转移至带有透视窗的真空箱内，逐渐增加箱内负压直到有小气泡升至表面并呈沸腾状态，进行间断抽吸处理，当标本表面无或者很少有气泡冒出时，可增加箱内压力进入下一级负压抽吸，真空箱内的负压每天逐渐增大，分别为-0.02 MPa、-0.04 MPa、-0.06 MPa、-0.08 MPa，以使硅胶浸渗到生物标本组织中。

(4) 去除硅胶。将浸渗硅胶完毕的标本取出，在常温下放置一两天，除去表面残留的多余硅胶，并回收硅胶聚合物。再将生物标本放入电热恒温培养箱进行烘烤，烘烤起始温度控制在35℃，每隔一两天上调培养箱温度5℃，直至45℃左右，此时，标本体内多余的塑化剂便可去除干净。

(5) 整形硬化。按照所需要的姿态调整好生物标本的造型，在标本表面涂抹一层硬化剂，将标本固定在含有硬化剂气体的密闭容器内，使标本在容器中雾化两三天。硬化完毕后检查标本是否变硬，如仍有湿的硅胶，则重复硬化。

硅胶塑化技术目前还有些不足，但是与传统标本制作法相比还是有着非常明显的优势。主要体现在以下几个方面：由于硅胶是无毒物质，杜绝了传统标本上的福尔马林、防腐药等化学制剂对环境及人身的损害，标本无明显的刺激气味且对人体的危害较小；经硅胶塑化的标本由于标本内的水分及脂肪被硅胶代替，具有一定的弹性和韧性、色泽鲜艳、保真性高、不会发霉变质，可长期保存，经久耐用。

鱼类标本制作

鱼类是最古老的脊椎动物，大多数鱼类终年生活在水中，以鳃呼吸，用鳍运动并维持身体平衡。有些鱼类体态多姿、色彩艳丽，具有较高的观赏价值。本章将介绍鱼类浸制标本、剥制标本、骨骼标本的制作。

4.1 鱼类浸制标本制作

4.1.1 非彩色鱼类的浸制保存

1. 所需用品

所需用品有福尔马林、水、工作台、塑料布、纱布、标本瓶、注射器、防毒面具或防毒口罩、医用塑胶手套、玻璃胶或石蜡、玻璃板、玻璃刀、砂纸、细尼龙线、镊子、标签纸、盛水用塑料桶、称水用电子秤、标本用鱼、记录用纸笔等。

2. 药品配制

制作浸制标本，要配制固定液和保存液，固定液为10%福尔马林，保存液为5%福尔马林。

3. 浸制标本选择

选择新鲜、鱼体完整、鱼鳍完好无损、鳞片整齐、无伤、内脏完好、没有腐烂迹象的鱼类。如果采集到比较珍贵的鱼类标本，当时无法配制药水制作标本时，可先用多层纱布包裹后冷冻，待有条件时，将其浸入盛有水的容器中解冻，解冻后立即进行标本前期处理工作。

4. 浸制标本前处理

(1) 采集到标本后，首先将贴附在鱼体上的污物及黏液清洗干净，特别是鳃内的污物要用清水清洗干净。清洗后的鱼体放在铺有多层湿纱布的工作台上，湿纱布下面铺上塑料布，同时矫正鱼体的体型，避免鳞片脱落。

(2) 先从肛门向鱼体腹腔内注射福尔马林原液，注射到福尔马林原液开始外流即可停止，然后分别在鱼体双侧的腹鳍、胸鳍基部进针注射，最后可在鱼体腹棱附近鳞片下进针注射。注射要缓慢，最好带护目镜，防止针头堵塞导致注射器中的福尔马林原液后喷进入操作者的眼睛。注射后以使腹部微胀稍硬为度。

较小的鱼体不用注射福尔马林溶液，中等大小的鱼体要少量注射福尔马林溶液。

5. 浸制标本定形处理

经过前处理的鱼类标本缓慢放入盛有10%福尔马林溶液的容器内，矫正鱼体的体型，把经固定液浸湿的多层纱布覆盖在鱼类标本上侧，以防止鱼类标本上侧暴露在固定液外部。

较小的鱼类标本浸泡12h左右要翻动1次，对调上、下面，一般浸泡1天；中等大小的鱼类标本浸泡1天左右要翻动1次，把上、下面进行对调，一般浸泡三四天；较大的鱼类标本浸泡1天左右要翻动1次，把上、下面进行对调，以后的5天内，每隔1天左右都要翻动调面，以防止鱼类标本左右不对称，5天以后每7天左右翻动调面1次，一般浸泡20～30天。

6. 浸制标本长期保存

将定形处理后的鱼类标本，用清水冲洗干净后，缓慢放入盛有5%福尔马林溶液(保存液)的容器内，进行长期保存。较小的鱼类标本需要用玻璃板(用砂纸磨边) 及很细的尼龙线固定；较大的鱼类标本可以不用固定，直接放入保存液中进行长期保存。保存液要淹没整个鱼体，盖上容器盖后用玻璃胶或石蜡等封口(见图4-1)。最后，写好标签粘贴在标本瓶的适当位置或用标签牌摆放在适当位置。

图4-1　浸制的鲫鱼标本

4.1.2　彩色鱼类的浸制保存

浸制标本常用的浸制液是福尔马林和乙醇，用它们制作标本程序简单、购置方便、成本也较低，但不能很好地保存彩色鱼类的颜色，会使其原有的天然色彩消失，而利用低浓度苯酚保存彩色鱼类效果较好。

具体方法：首先对鱼类腹腔注射3%的苯酚，然后浸入3%的苯酚固定5天以上，随时观察是否有脱色现象，若脱色，可换1%～1.5%苯酚的保存液终止。需要注意的是，黄色和杂色鱼标本要避光密闭保存，以防止苯酚氧化；海产种类的保存液最好和海水等渗，以减少皱缩。

此外，有实验证明，利用8%福尔马林与2%苯酚的混合浸制液对红色、黄色和黑色的草金鱼标本色彩的保持效果也较好。

4.2　鱼类剥制标本制作

剥制标本制作是再现动物活体形象和神韵的一门工艺，实际上就是利用工艺和材料将死去动物的皮进行加工处理后，根据动物的原形，重新对其进行填充，缝制成永久保存的标本制作技术。剥制标本不像浸制标本那样易于褪色，搬运也极其方便。一些濒危灭绝的动物的剥制标本更具有研究价值。

鱼类剥制标本制作所需用品有以下几种：毛巾、格尺、不同粗细铅丝、解剖刀、解剖剪、骨剪、搪瓷盘、尼龙丝或腈纶线、针、台板、硬纸板、染料、绷带、筷子、棉花、义眼、铁丝钳、乳胶手套、泡沫板、口罩；明矾、砒霜、樟脑、肥皂、洗洁精、盐、清漆。

1. 标本制作——方法1

(1) 处死。

选择完整的活鱼，选好后及时将鱼头插入10～50℃冷开水中让其窒息死亡，再用水从头向下冲洗，要把鱼鳃内的污物洗干净。如果有脱落鳞片，要保存好，等到整形时再用胶粘上。

(2) 测量和记录。

把洗好的鱼放在一块湿毛巾或湿布上，用以减少鱼体与台面的摩擦，防止损坏鱼鳞，使鱼体侧卧在台板上，对鱼体进行拍照，作为标本定形和上色的依据。

需要测量的有以下几项：①全长(从吻端至尾鳍末端的直线长度)；②体长(从吻端至最后一枚脊椎骨的直线长度)；③头长(从吻端至鳃盖骨后缘的直线长度)；④眼径(眼前缘至眼后缘得直线长度)；⑤体围(鱼体最高处的体周长)；⑥尾柄围(尾柄最低处的周长)。

(3) 鱼体前处理。

将测量后的鱼整体放入浸制液中浸泡，浸泡时间根据鱼的大小和种类而定，一般来说，较小的鱼类浸泡 30min，较大的鱼类浸泡2h。浸制液为水、明矾、盐以质量比100∶10∶20 的比例配成的。浸泡的目的是使鱼的皮肤收缩，增加其韧性，减少剥制时的损伤。此外，浸泡还可以使鱼鳞收紧，减少制作过程中鳞片的脱落现象，使标本鳞片与其自然状态更加相似。

(4) 鱼体皮肤的剥离。

① 用剪刀戳入肛门，沿腹壁中线由后向前剪开，一直剪到胸鳍处，取出内脏。

② 将去掉内脏的鱼体洗干净，然后剥皮。剥时先从腹壁开始，用解剖刀的刀尖渐次向背部将皮和肌肉分开(见图4-2)，一直剥到背鳍基部。基部肌肉应尽量剥光，否则标本干燥后鳍基部会向体内塌陷。保留背鳍支鳍骨。

③ 用解剖刀的刀尖把尾部的皮和肌肉分开，在臀鳍处保留支鳍骨。把剥离的尾切断，连同躯干一起拉出皮外。接着把胸鳍部的皮和肌肉分开(图4-3)，保留胸鳍支鳍骨。剥到枕骨和锁骨处，切断脊椎骨，取出整段躯干和尾的肌肉。

图4-2　鱼的腹面剥皮　　　　　　　　　　图4-3　从皮内拉出躯干和尾端肌肉

1-胸鳍　2-剥开的皮　3-肌肉　4-肛门　　　　　　1-皮　2-躯干和尾的肌肉

④ 将与皮肤不相连的部分骨骼以及附着在上面的肌肉除去。喉部的肌肉用刀或剪刀除去，用骨剪去除齿骨，然后将鳃和眼球剔除，用镊子尖卷上脱脂棉插入颅腔内捣碎脑髓，反复蘸取几次除去脑髓。

⑤ 用解剖刀轻轻地刮去鱼皮上残留的肌肉及脂肪，刮去锁骨上残留肌肉，清理口腔周围。

(5) 脱脂。

用棉花蘸取洗洁精或次氯酸钠饱和溶液均匀地涂于鱼皮内表面，进行脱脂2～4h。

(6) 鱼皮的防腐。

① 防腐膏配制：称取砒霜5g、樟脑1g、肥皂4g、明矾3g。先将肥皂切成薄片放入烧杯中，加水浸泡数小时，隔水加热溶化后将砒霜、樟脑(已磨成粉状)、明矾放入，搅拌成糊即可。

② 防腐膏配制好后，先从鱼的口腔、颅腔到鳃盖内部涂抹，然后涂抹鱼体皮肤，由于防腐膏内砒霜是防腐的，樟脑是防虫的，明矾是收缩的，所以涂抹一次即可达到防腐效果。

(7) 填充。

① 制作支架。小型鱼的支架可以用两根铅丝扎成，如图4-4所示，铅丝的粗细根据鱼体大小决定。标本脚间的距离相当于胸鳍到肛门的距离，两标本脚之间是中轴，标本脚高度大约是鱼体高的两倍。

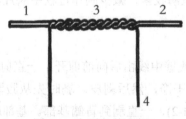

图4-4　小型鱼的支架

1-头端　2-尾端　3-中轴　4-标本脚

中型鱼的支撑架用泡沫塑料板和铅丝做成。泡沫塑料板的长度相当于鳃盖后到肛门前的距离，高度是鱼体高的2/3，厚度随鱼体的厚薄决定。泡沫塑料板的一端削成尖薄形(鱼体头部)，另一端削成斜圆形(鱼体尾部)，两端都有一段铅丝。然后，在胸鳍和肛门处装上两段铅丝，作为标本脚。标本支架一定要做得坚固。中型鱼的支架如图4-5所示。

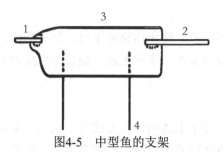

图4-5　中型鱼的支架

1-头端　2-尾端　3-中轴　4-标本脚

② 塞内芯(假体)。将木屑或脱脂棉塞入涂好防腐剂的鱼体内，一直塞到能盖住背部的支鳍骨为止。将支撑架后端铅丝插入鱼的尾部，再把支撑架前端铅丝由枕骨大孔插入颅腔，继续填充。

(8) 缝合和整形。

① 在鱼体即将塞满时，从肛门向头部缝线(见图4-6)，缝线时边塞边缝。一般选用与鱼体同色的尼龙线，缝合后把假体上预设的两根支柱铅丝穿在一块合适的台板上，将脱落的几块鳞片用明胶粘在鱼体的原处。

图4-6　缝合

1～12缝合针眼的次序，实线表示露在体外的缝线，虚线表示在皮内的缝线

② 为使鱼鳍竖起展开，可以用硬纸板剪成鳍展开时的形状，鳍的上下或左右各夹一块，用回形针沿纸板边缘固定。胸鳍与腹鳍一般与鱼体成30°～45°的角度，背鳍、臀鳍和尾鳍一般和头尾轴平行即可。鱼口应稍微张开，呈自然生活状态，鳃盖部分要用细长的纱布条捆绑，以防标本干后鳃盖翘起。

③ 在两眼窝内塞进两团棉球，其上也涂上软泥(白灰或石膏中加一点樟脑粉和兔毛制成)，装上义眼。

全鱼整形如图4-7所示。

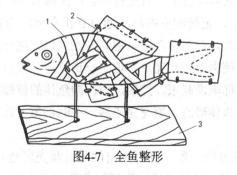

图4-7　全鱼整形

1-绷带　2-夹鱼鳍的硬纸板　3-底盘

(9) 上色。

标本放空气流通处自然阴干。待鱼体充分干燥，除去绷带，用油画颜料掺一些清漆和松香水进行着色，颜色应由浅至深，逐步上色，最后在鱼皮表面涂一层清漆，既可保护鳞片，又可增加光泽。

2. 标本制作——方法2

在制作鱼剥制标本时，除了上述的传统方法外，也可以采用先缝合再填充的步骤，这种方法难度小，容易控制填充物的量，做出的标本形态非常逼真。这里把不同于传统方法的步骤着重讲一下。

(1) 支架的制作。

根据鱼体大小选择合适粗细的铅丝来制作支架，具体步骤：在铅丝的合适部位弯出两个椭圆形圆环，将铅丝拧成麻花状，根据形态要求选择固定位置，使铅丝成丁字形(见图4-8)。两椭圆形圆环之间的距离应略小于鳃盖后缘至尾部的距离，丁字形另一侧的长度根据固定的需要设定。将制作好的支架放入剥好的鱼皮内部，固定点穿过腹部的侧面开口处或臀部肛门处。

图4-8　鱼的支架

(2) 缝合。

把放入支架的鱼皮平放于工作台上，用细线把侧面的开口完全缝合。采用一般的缝衣针缝合即可，所用的细线要求结实无弹性，颜色一般为白色。

(3) 填充。

① 填充材料的配制。选择锯末作为填充材料。将锯末过筛后，用高温消毒的方法对其进行消毒和杀虫，加入适量的樟脑和杀虫剂，混匀后即可作为鱼类标本的填充材料。杀虫剂一般选择毒性相对较低的敌百虫。填充材料也可在标本制作之前配制好。

② 填充材料配制好后，把缝制好的标本通过穿出鱼体的铅丝固定在固定架上，头部朝上且整个鱼体与地面垂直，把混合后锯末用漏斗通过口部进行填充。填充时可用头部圆润的竹签向下捣锯末，以使锯末顺利漏下。填到一定量后，取出漏斗，用筷子向下轻捣，使填充物充满尾部，使尾部丰满起来。然后，依次向鱼体的前部填充，直至填充到咽部的后端，达到未剥制之前的鱼体形态。填充完毕后，在咽部填入珍珠棉水果网套，防止填充物漏出。

其他剩余操作与传统方法一致。需要指出的是，填充时也可以不用支架，而是利用发泡剂做一鱼形模型再填充，具体方法：先摆好鱼的姿态，在鱼的表面涂上1.5cm厚的石灰泥，石灰泥一定要涂抹均匀，石灰自然晾干后，用刀从中间线竖切开石灰壳，取出鱼。然后向石灰壳内放入适量的发泡剂，合住石灰壳，由于发泡剂无孔不入，因此可以很轻松地完成填充材料的制作。打开石灰壳，取出发泡剂模型，放入鱼皮内，看模型大小是否合适，若稍偏大，就适当削小点；若稍小，就用塑料薄膜平铺于填充材料。一边填充模型一边缝合，填充时要保证两侧均匀、对称，整个鱼体要饱满。缝合时先用针缝住开口，然后用热熔胶在切口处黏合，直至尾根。

这种方法制作的标本形态饱满、充实，由于发泡剂不吸水、不会发霉变质，标本保存时间长，而且标本质量轻，易于摆放和运输。

4.3 鱼类骨骼标本制作

骨骼标本是研究动物形态学、比较解剖学、分类学等科研、教学及科普教育的重要材料。通常意义上的骨骼标本，是指经过各种方法剔除动物肌肉后，将留下的骨骼经脱脂、漂白，按其自然状态穿连起来的整体骨架；或者根据需要，选择其中的一部分(如头骨等或骨块)保存下来。鲫鱼是常见的硬骨鱼类，易于获得。因此，本节以鲫鱼为例，介绍骨骼标本和透明的骨骼标本的制作。

4.3.1 鲫鱼骨骼标本制作

1. 所需用品

解剖刀、解剖剪、不同规格铅丝、尼龙丝或腈纶线、台板、硬纸板、铁丝钳、乳胶手套、口罩、铝锅、电炉子；氢氧化钠、无水乙醇、洗洁精、过氧化氢。

2. 标本制作过程

(1) 剔除肌肉。鲫鱼的骨骼由中轴骨骼和附肢骨骼两大部分组成。头骨脊柱、肋骨、肩带、脊鳍、臀鳍、尾鳍等各个骨骼关节之间，有纵肌间隔和韧带相连接，只有腰带和腹鳍附着在腹部肌肉中呈游离状态，腰带是一对相愈合的、剑状的无名骨，是支持腹鳍的骨骼，需将其取下并剔除肌肉后，与腹鳍另行保存。

首先将鱼鳞片刮去，由胸鳍后端把腹腔剖开，挖除内脏。然后，用解剖刀分别从头部背脊的两侧，向后纵行剖开，并向腹面方向剖割，逐渐地割去附着在脊柱两侧的肌肉，在剔除时要细心谨慎，特别要注意脊鳍、臀鳍的鳍担骨和脊柱上的髓棘以及肋骨等分散骨骼。接下来，剔除肋骨间的肌肉，剔肉时可适当将带肉骨骼用开水煮熟，再去肉。开水煮之前，最好用细线绑在鱼头及鱼尾处，标记肌间骨的实际位置，开水煮后，按顺序将肌间骨一根一根粘在已经完成的鲫鱼骨骼主架上的细线上。最后，再将脑和眼球挖出，尽可能剔除头部和肩带上的肌肉。残留在骨骼上的肌肉可待腐蚀处理后剔除。

(2) 腐蚀和脱脂。将骨骼浸入0.5%～0.8%氢氧化钠中1～4天后取出，用清水冲洗，并把残留的肌肉剔去。同时将骨骼晒干，然后浸入汽油中脱脂7～10天。

脱脂处理还可以采用以下两种方法：①将骨骼先在无水乙醇中浸泡2～3h，再放入二甲苯或汽油中脱脂一两天；②将骨骼放入10%浓度的洗洁精水浸泡5h，自然干燥后放回水中。

(3) 漂白。先将骨骼浸入0.5%～0.8%氢氧化钠中1～4天或2%～3%的过氧化氢中浸泡12～24h，待骨骼洁白后取出，立即放入清水中洗净，若骨骼上仍有残留肌肉，应当剔除干净。最后把纵间肌膈剔去一部分，但不能破坏鳍担骨与髓棘之间的连接。

(4) 整形和装架。骨骼经过漂白后，韧带很容易分离，处理要特别小心。先将骨骼平放在阳光下晾晒片刻，待骨骼略为干燥后，再整理成适当姿态。在干燥过程中，脊鳍、尾鳍和胸鳍等鳍棘、鳍条很容易卷曲变形，须用洁净的A4纸或吹塑片把它夹住，待干燥后取下。鲫鱼的腹鳍和无名骨不与脊椎骨连接，要用铜丝把腹鳍连接在第六肋骨位置的脊椎上，使腰带和腹鳍悬吊在脊柱下面，以保持原状。有时，也可将腰带和腹鳍用白胶粘在台板上。脊柱的前后需用铅丝作为支柱，分别托在头后和臀鳍前方的脊柱骨上。鲫鱼骨骼标本如图4-9所示。

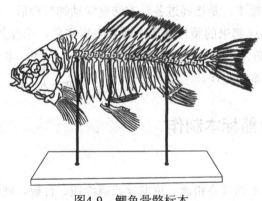

图4-9　鲫鱼骨骼标本

4.3.2　鲫鱼透明骨骼标本制作

透明骨骼标本是用化学和物理的方法，使软组织和透明剂的折光率相近，达到软组织透明，而使骨组织和特殊处理的组织显现的标本。组织透明以后，可显现一般解剖方法难以观察清楚的结构，在保持标本外形完整的情况下显示体内器官的结构及其相互关系。

1. 所需用品

所需用品有解剖刀、解剖剪、玻璃板、标本瓶、尼龙丝或腈纶线、玻璃钢、乳胶手套、口罩；茜素红-S、氢氧化钠、无水乙醇、洗洁精、过氧化氢、甘油、氢氧化钾、蒸馏水、聚乙烯吡咯烷酮(PVP)、麝香草酚。

2. 标本制作过程

(1) 前处理。将刚处死的鲫鱼除去鳞片、鳃和眼球，不要弄破鱼的皮肤和鳃盖骨。从腹侧面切开体腔，除尽内脏、黑色体腔膜，洗净血液。

(2) 固定。用线将洗净的鱼标本绑在玻璃板上，置于标本瓶中95%的乙醇中固定两三天。个体较大可适当延长时间。

(3) 透明。把固定好的标本放入2%～3%的氢氧化钾溶液中进行腐蚀透明，待鲫鱼成半透明状态(从外面能隐约地看到里面的骨骼)，即停止透明。

(4) 染色。

染色剂的配制方法有三种：①茜素红-S的70%乙醇饱和溶液1份，70%的乙醇9份；②茜素红0.05g，氢氧化钾1g，蒸馏水100mL；③茜素红0.02g，氢氧化钾2g，蒸馏水200mL。

染色剂配好以后，将透明后的标本先用清水漂洗，再浸染色剂中染色，至骨骼染上颜色为止。一般为2～3天。

(5) 褪色。

褪色液的配制方法：①过氧化氢1份，蒸馏水6份；②甘油20mL，氢氧化钾1g，蒸馏水80mL。

把染过色的标本浸于褪色液中，在褪色液①中脱色1天，在褪色液②中脱色5天左右，至脱尽肌肉上的颜色，而骨骼还略带浅红色时取出。

另一种褪色方法是在褪色液Ⅰ(甘油60 mL、氢氧化钾2g、蒸馏水140 mL)中脱色1天，在褪色液Ⅱ(甘油100 mL、氢氧化钾2g、蒸馏水100 mL)中脱色3天。

(6) 再透明。

将鲫鱼标本分别浸入以下10种透明溶液。每一种溶液中透明三四天。

透明液：2%氢氧化钾与甘油按3∶1，2∶1，1∶1，1∶3，1∶4的比例配制5种；(25%，50%，75%，100%)甘油4种；甘油300mL，2%氢氧化钾水溶液150mL，蒸馏水150mL。

(7) 保存。

把已透明好的鲫鱼标本，放入事先准备好的标本瓶中，加入纯甘油，加一点麝香草酚防霉。封好瓶口，贴好标签，即成鲫鱼的透明骨骼标本。上述的方法制作好的标本必须长期保存在甘油中。

这里再介绍一种利用聚乙烯吡咯烷酮制作鱼类透明骨骼标本的方法。聚乙烯吡咯烷酮(PVP)是一种合成性的水溶性高分子化合物，可起到胶体保护作用，具有成膜性、粘接性、吸湿性和生理相容性，使用该药品制备的透明骨骼标本无须再浸泡于甘油保存液中，且标本无异味、不易褪色，便于长期保存与管理。

这种制作方法的前5步(褪色前)与传统方法相同，关键步骤是标本褪色后进行PVP溶液的塑化，即以0.5%氢氧化钾溶液分别配制浓度为25%与50%的PVP溶液，然后将标本置于不同浓度的PVP溶液中逐级进行浸泡，每级浸泡时间5天，最后将标本从塑化液中取出，直接放在空气中，自然风干或在通风橱内干燥。制作好的标本可保存在透明有机玻璃盒或标本瓶中。

第5章
两栖类动物标本制作

两栖类动物幼体生活在水中，用鳃呼吸，经变态发育，成体用肺呼吸，皮肤辅助呼吸，水陆两栖。青蛙和蟾蜍是常见的两栖类动物，在我国有广泛的分布，易于采集和饲养，是理想的标本制作材料。本章将介绍蛙类剥制标本、骨骼标本、浸制标本和树脂包埋标本等制作。

5.1 蛙类剥制标本制作

1. 所需用品

解剖剪、标本瓶、解剖板、解剖针、20号铅丝、502胶、棉花、义眼、染料、格尺、线、标本台、清漆、标签；乙醇、硼酸、明矾、樟脑。

2. 标本制作过程

(1) 测量。

对蛙或蟾蜍进行以下测量：

① 体长：自吻端至体后端。

② 头长：自吻端至上下颌关节后缘。

③ 头宽：左右颌间距离。

④ 吻长：自吻端至眼前角。

⑤ 鼻间距：左右鼻孔间的距离。

⑥ 眼间距：左右上眼睑内侧缘间最窄距离。

⑦ 前臂及手长：自肘关节至第三指末端。

⑧ 后肢长：自体后端正中部分至第四趾末端。

⑨ 胫长：胫部两端间的长度。

⑩ 足长：内跖突至第四趾末端。

(2) 剥皮。

选择个体大、形态完整的青蛙，将其投入装有75%乙醇或乙醚棉球的标本瓶中，麻醉致死后，将其解剖板上仰卧，用解剖剪把腹部正中的皮肤纵向剪开5cm的切口，两手指深入切口，拨开青蛙腹部及背部皮肤，分别推出四肢，剪断腕关节和股节与胫腓骨之间的关节。翻转蛙体，把蛙皮继续向前剥拉至头部，从头骨与颈椎骨连接处剪断，使整个蛙体与皮肤分离，然后除去脑及头部肌肉，挖去眼球。

(3) 防腐。

把剥离的蛙皮放入75%的乙醇中浸泡1～2h，取出冲洗后，用棉球蘸取硼酸防腐粉(硼酸：明矾：樟脑=5：3：2)涂抹皮肤内侧，头和四肢均要涂抹。

(4) 填充。

测量蛙头至腹长度，取等长的20号铅丝一根，插入头部口中即可；再测量蛙前肢至后肢长度，取等长的20号铅丝2根，分别插入前后肢，由掌心穿出，把三根铅丝在中间扎紧(见图5-1)。

首先用棉花或木屑填充四肢，用解剖针钝头端，一边插一边装填，四肢填至适当大小时再填充躯体，最后用502胶黏合切口。

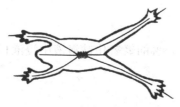

图5-1　标本支架

(5) 整形。

整理青蛙身体为合适的生活姿态，装上义眼，为防止蛙皮肤变色，在原有体色上涂一层油画染料，待干燥后再刷上一层清漆，以增加光泽。最后把蛙的四肢的铅丝固定标本台上，贴上标签。

5.2　蛙类骨骼标本制作

蛙类的骨骼结构较为简单，且取材方便，因此，蛙类常用于骨骼标本的制作。

5.2.1　青蛙骨骼标本制作

1. 所需用品

参见鲫鱼骨骼标本制作的物品。

2. 标本制作过程

(1) 处死。

准备一密闭容器(如标本瓶) 作为麻醉瓶，内放一块浸过乙醚的棉花，选取体型较大的发育成熟的青蛙或蟾蜍放入麻醉瓶中，将其深度麻醉至四肢僵直，大约需10min。

(2) 剔除肌肉。

先将麻醉致死的青蛙置于解剖盘中，腹面朝上，左手拉起青蛙腹部皮肤，右手拿剪刀沿腹部正中线剪开5cm左右的小口，然后向上剪至下颌处，向下剪至泄殖孔，再剪开四肢的皮肤，小心剥去青蛙的外皮。头部的皮肤不能强行去除，因为头部的皮肤与其骨骼贴得较紧，很难清除，可以在脱脂之后去除，如果强行去除，会引起骨骼损坏。接下来是挖眼球(如果是蟾蜍，注意不要让蟾酥喷射到人身上)，再摘除内脏，然后用解剖剪在第二到第三脊椎横突上将左右肩胛骨连同前肢与脊椎分离，使整个蛙骨骼分成两部分。将其放在开水中烫0.5～1min，然后将其置于放有清水的解剖盘中，小心剔除附在骨骼上的肌肉，骨连接处及跗骨、趾骨的肌肉不可剔除太干净，只需剔除70%～80%，保留少许，以防在下一步的腐蚀脱脂中骨骼散架。对于薄小的舌骨，应仔细清除肌肉，自然干燥，单独保存。最后，用针头缠有棉花的解剖针向青蛙的头和躯干之间垂直刺入，然后把针转向前搅动，毁坏延髓，再把针向后插入椎管搅动，破坏脊髓(不要让棉花掉在髓腔和椎管内)，接着用清水冲净脑和脊髓。

(3) 腐蚀。

将骨骼用清水洗净，放入0.8%的氢氧化钠溶液中浸泡1天，注意时间不能过长，以防止骨骼间韧带脱落。

(4) 固定。

先将骨骼用清水洗净，再用解剖刀把残留在骨骼上的肌肉剔除干净。千万要注意，在各关节处应保留呈半透明的胶状韧带球，然后，置于8%的福尔马林溶液中固定两三天，使韧带硬化。

(5) 脱脂。

将骨骼用清水洗净、晾干，置于二甲苯中脱脂两三天。

为了节省制作时间，可先在胫骨、桡尺骨、股骨和胫腓骨的两端(近关节处) 用特号缝衣针各钻一个小孔，以使骨髓在氢氧化钠溶液中去除得更彻底，然后把骨骼放到 50℃的4% 氢氧化钠溶液中，处理一两分钟，取出，流水冲洗。此时，头部剩余的皮与骨骼之间的结合松弛了，可用眼科剪小心去除皮肤，再用牙刷刷去附着在骨上的细小肌肉，在清除跗骨及趾骨上面的细小肌肉时要特别小心，同时对骨骼的每个关节处也要谨慎处理且保留骨连接处的肌腱。此过程可反复一两次，随着次数的增加，骨骼在氢氧化钠溶液中浸泡的时间也应随之减少。用此方法腐蚀脱脂时间约1h。

(6) 漂白。

将骨骼用清水洗净、晾干，置于10%的过氧化氢溶液中漂白15 min，中间换1次液体。

(7) 整形。

传统的方法中，骨骼漂白后随即进行穿连，从头部开始，用20号铅丝作芯，一直连到脊柱的末端，前肢与肩带及胸骨之间也要用32号铜丝连接起来。此方法较复杂，蛙的四肢也不易定形。

现在，较多采用新的方法。将骨骼用清水洗净、晾干，置于一块硬纸板或塑料泡沫上，把分离的两肩胛骨(连同前肢骨) 套在第二到第三脊椎横突的两侧，在下颌骨和胸椎骨下面用纸团垫好，使头部抬起。用牙签或大头针固定好骨骼的位置，放在通风处晾干。干燥后，用502胶将两肩胛骨粘住。将前肢骨的腕骨和后肢骨的跗骨粘在一块固定的台板上，贴上标签，置于有机玻璃盒中保存。蛙骨骼标本如图5-2所示。

此外，经过整形后，也可用缩丁醛树脂法制备骨骼标本。缩丁醛树脂是商品名，其化学名为聚乙烯醇缩丁醛，是由聚乙烯醇与丁醇作用而成的高分子化物，是白色或淡黄色粉末，相对密度1.107，软化温度 60～65℃，溶于乙醇、乙酸、二氯乙烯，主要用于制造无色透明薄膜、清漆及黏合剂等，具有透明、耐光、耐热和机械强度高等特性。配制方法：首先将40g缩丁醛树脂放入容器内，然后徐徐加入100mL无水乙醇，边加边用玻璃棒搅拌，使两者充分混合。混合后，大部分呈白色黏稠的团块，小部分呈液体状态，静放一周后，方能逐渐完全溶解，成为无色透明黏稠胶状的液体。此液密封放于阴暗处保存，可长期反复使用。将骨骼标本浸入40%的缩丁醛树脂乙醇溶液中，约5h后取出，稍干燥后进行再一次整形。利用此方法制作的骨骼标本表皮包裹着一层塑料透明薄膜，表面光滑，关节牢固，利于长期保存。

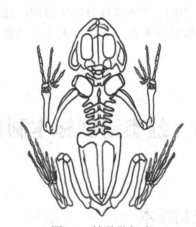

图5-2　蛙骨骼标本

在制作蛙骨骼标本时，为了省时省力，还可以采用虫蚀法。用解剖针在头顶枕骨大孔处朝前捣毁延脑、朝后捣毁脊髓，然后按自然蹲坐姿态整形放置4h。将其放入装有鼠妇的玻璃缸内，随时观察，待标本被啃食剩下骨骼时取出，再去除肌腱。最后，进行常规的脱脂、透明等后续工作。

5.2.2　青蛙透明骨骼标本制作

1. 所需用品

剪刀、玻璃片、尼龙线、解剖盘、标本瓶、石蜡；乙醇、乙醚、氢氧化钾、甘油、茜素红、氨水、蒸馏水、麝香草酚。

2. 标本制作过程

(1) 取材与处死。选用体形完整、新鲜的小个体青蛙。体形小，其体壁相对就薄，染色、透明效果明显。采用乙醚或三氯甲烷将其麻醉致死。

(2) 剥皮、去内脏。首先将处死的青蛙置于解剖盘或玻璃板上，腹面朝上，用剪刀剖开腹面皮肤；然后向两侧剪开，分别向前后四肢各方向拉下皮肤，注意不要拉断指、趾骨；最后，用剪刀剪开腹腔，取出全部内脏。

(3) 固定。将标本用线捆在玻璃片上，整理姿势后放入95%乙醇中固定一两天，肌肉呈白色，逐渐变硬。固定好的标本用清水缓缓冲洗干净。

(4) 透明。将固定后的标本放入1%的氢氧化钾溶液中，随时注意观察。当能够隐约看到骨骼时，立即把标本取出。

(5) 染色。将标本用2%的茜素红乙醇溶液(2g茜素红用95%的乙醇溶液配至100mL) 浸泡12～36h。

(6) 褪色。将标本浸泡在褪色液(2%的氢氧化钾溶液30mL、30mL甘油、60mL蒸馏水)中，至肌肉褪为淡红色为止。

(7) 漂白和透明。将标本在氨水30mL、甘油30mL和蒸馏水70mL的混合溶液中浸泡2～5天，进行漂白和透明。

(8) 脱水。将标本在25%、50%、75%和纯甘油中浸泡，逐级浸泡，至少浸泡2天。

(9) 保存。将标本用新的纯甘油保存，其中加入少量的麝香草酚，然后用石蜡将标本盖与瓶口封住。

5.3 蛙类浸制标本制作

5.3.1 蛙类整体浸制标本

1. 成体浸制

将成蛙用乙醚麻醉杀死，然后用清水洗涤。首先将洗好的标本放置在解剖盘上，依次向腹腔内注入适量5%～10%的福尔马林溶液，注入后系上编号标签；然后放入盛有福尔马林溶液的另一容器内固定，固定时可将背部朝上，四肢成生活时的匍匐状态，固定时间1天；最后将标本保存在5%的福尔马林溶液或70%乙醇内。

2. 蝌蚪及卵浸制

在野外采到卵及蝌蚪后，直接浸入盛有10%的福尔马林溶液的瓶内。对于大型蝌蚪，可盖紧瓶盖后，平置约30min，使尾部在瓶内伸展，然后将瓶竖立放置。采集的卵不要与蝌蚪或成蛙放在一起，以免压坏。

5.3.2 蛙类剖浸标本

1. 处死

用氯仿、乙醚将青蛙麻醉，或以解剖针在头顶枕骨大孔处朝前捣毁延脑、朝后捣毁脊髓，使其死之。

2. 解剖

在腹面由下颌到排泄孔用剪刀挑起体壁并剪开，勿伤及内脏，并将腹面体壁充分张开(注意保留腹静脉)，线条剪口力求圆整美观，使内脏按其自然状态全部暴露，以便观察。

3. 浸制

用线把青蛙背缚于事先准备好的玻璃片上，轻轻冲洗，然后固定、浸制保存。

4. 防腐固定

将整理好姿态的标本用10%福尔马林固定1周，小型标本中间不更换固定液，中型动物中间要更换固定液一两次，直到浸泡液不再呈黄色为止。

5. 装瓶

装瓶前可以从过渡液里取出标本，如需在器官上标字，则可稍作冲洗，等晾干后，将事先用不脱色黑油印好字的硬纸片修整成小块，按名称用胶或蛋白将字片粘上，待干后即放入标本瓶配液保存。

6. 封瓶

剖浸标本一般不采用永久封瓶法，以便保存一段时期后，可以置换液体，保持透明观察，因此常以熔蜡封口，然后瓶外贴标签。

5.3.3　蛙类色剂注射剖浸标本

1. 所需用品

剪刀、解剖刀、医用解剖镊子、注射器(5mL)、6号或7号兽用针头、8号或9号兽用针头、搪瓷盆、定形板、钉锤、大头针、研钵、 搪瓷杯、玻棒、电炉、标本瓶、玻璃板、尼龙线、棉花、纱布、冰块、pH试纸、标签和发泡塑料块；甲醛、3132大红或银珠或大红粉、酞青蓝B、苯酚、明胶、502胶、白凡士林、小苏打和乙醚。

2. 血管内红、蓝填充液的配制

分别将红、蓝两种颜料(银珠红、酞青蓝B)10～15g放入研钵内加少量温水调成糊状，再研细备用。取明胶12～15g放入盛水的烧杯中泡胀，一天后水浴溶解，待明胶全部溶解后加入研细的颜料调匀，10分钟后取出，用纱布过滤，配成红、蓝两种血管填充液，在溶液内分别加几滴苯酚和少许甘油。

3. 取材

选用大型雄体青蛙(前肢中的第二指基部有隆起的婚垫)。

4. 处死

用乙醚将其麻醉后取出洗净，仰放在定形板上，放入盘中。

5. 解剖

(1) 用镊子夹起腹部皮肤，在后肢基部剪出通过腹部的横向切口，然后沿中线作一纵向切口，一直剪到下颌的前缘，将皮肤向两侧剥开，用大头针把表皮和四肢钉在木板上。

(2) 用镊子夹起腹肌，剪刀穿入腹静脉(褐色纵行)的一侧，由后向前纵向剪开腹肌，在靠近肩带时用镊子提起肩带的腹面，分离开与下面粘连的心包膜和血管，剪刀紧贴带壁将其剪开，掰向两侧，剥掉心包膜，辨认出动脉干、颈外静脉、无名静脉和锁骨下静脉。

6. 注射

(1) 剥掉动脉圆锥周围的脂肪等组织，用镊子尖徐徐穿过其背侧，分离动脉干与心脏之间的粘连，从中穿过一条细线，扎紧动脉干基部，各留余线20～30mm。

(2) 将消化管翻出，展开肠系膜，在蛙体上浇些热水，使热熔的色液易在血管内流动。

(3) 用8号或9号针头在动脉圆锥基部，靠近扎线的稍前方插入动脉干，其柄端稍垫高，以防滑出。

(4) 用针管吸红液5mL，左手拉紧结扎动脉圆锥的余线，缓慢注入红色液3～5mL，直至肠系膜上的动脉饱满，胃壁、肠壁上的微血管呈红色时停止注射。用冰块冷却注射口，先拔掉针管，待红液凝固后再拔出针头。

(5) 将腹壁翻一侧，找到腹静脉，在其中部下面穿过一细线，打一活扣备用，在线的后方向腹静脉的前端插入8号或9号针头，注入蓝液5～8mL。使蓝液流向前、后方，如未流入后方，注入后再调转针头向后方补注1mL，注至肠系膜上的静脉，消化管壁上的微血管呈蓝色、肝脏表面呈蓝色或出现均匀的蓝色斑纹，注射失败时即将活扣扎紧，拔出针头，再选别处补注。注射完毕将材料放上冰块或放入冰箱内1h以上。

7. 补注

如果对灌注效果不够满意，可按以下步骤处理：

(1) 剪掉下颌的皮肤，找到下颌静脉，在其远端用6号针头往向心方向插入，插针时针头先穿过近侧顺向的软组织，再进入血管，注入少量蓝液至颈外静脉和前腔静脉，直至静脉呈蓝色。

(2) 分别剪开上臂腹面的皮肤，掰开肌肉，找到臂静脉，用6号针头往向心方向插入该血管，补注少量蓝液至锁骨下静脉，直至静脉呈蓝色。

(3) 补注心房用6号针头，由心室插入，经过房室孔至心房近表面处，注毕拔出针头用冰块冷却补注射口。补注心室时针头仍从原刺破口插入注入1mL左右褐色液(红蓝色液等体积配制)。

(4) 拔出大头针，蛙体背面向上，在躯干的后面横向剪开皮肤，向上翻开至头基部，在皮肤上找到未进蓝液的较粗的小血管，用6号针头往心方向插针补注少量蓝液。

(5) 剪开大、小腿背部皮肤，掰开肌肉，找到股静脉、胫静脉(见图5-3)，在其远端往向心方向插针补注蓝液直至股静脉呈蓝色。

8. 定形

将标本腹面向上放在定形板上，把各部构造展开，摆好内脏位置，分别从喉门、泄殖腔孔内注入少量空气，使肺和膀胱充盈，如膀胱内有尿液，在打开体腔后随即挤出，整好姿势，四肢等部钉上大头针定位，肠系膜上肝与胃之间垫上棉球，用毛笔在标本上涂上福尔马林原液，盖上一块双层纱布，倒上福尔马林原液，使纱布完全浸透，经2～4h标本会硬化，再将标本拆下或连同板子一起移入4%福尔马林溶液中，固定一个月，半个月后换液一次，容器盖严。

股静脉

胫静脉

图5-3　右后肢背面观

9. 保存

用清水漂洗后，进一步修剪掉有碍观察和美观的软、硬组织。将标本用尼龙丝捆缚在玻璃板上，用棉球拭干要贴签器官的表面，然后用502胶分别贴上标签，标本放入瓶内，注入4%福尔马林溶液至瓶口，瓶盖四周涂上凡士林，压入瓶口密封后长期保存。

5.4　蛙类树脂包埋标本制作

1. 固定

将活蛙或蝌蚪放入30%乙醇中浸泡24h，取出后，绑在玻璃板上，再浸入无水乙醇中保存。包埋前取出晾干。

2. 树脂包埋

戴乳胶手套按比例配制好AB胶(通常比例为A∶B=3∶1)，用玻璃棒顺时针搅匀，避免产生过多气泡，影响标本美观。将蛙或蝌蚪分别浸入AB胶液中20min。取出，待胶凝固，即制得包被一薄层树脂的"水晶蛙"或"水晶蝌蚪"标本。此种方法也可用于剥制后的蛙标本的进一步处理。

第6章
鸟类标本制作

鸟类体表均被羽毛覆盖，恒温，卵生，胚胎外有羊膜。前肢变成翼，绝大多数鸟类具有飞翔的能力其骨多空隙，内充气体，有利于飞翔。鸟类的呼吸器官除肺外，还有辅助呼吸的气囊。我国的鸟类有1400多种，分为游禽、涉禽、攀禽、陆禽、猛禽、鸣禽六大类。本章介绍常见鸟类——家鸽和鸡的剥制标本、骨骼标本、铸型标本、卵标本等的制作。

6.1　家鸽标本制作

6.1.1　家鸽剥制标本制作

1. 所需用品

解剖刀、搪瓷盘、骨剪、镊子、解剖剪、台板、毛刷、缝合针、尼龙线、脱脂棉、电吹风、各号铅丝、钳子、天平、记号笔、A4纸、尺子、义眼、电子天平；砒霜、肥皂、樟脑、明矾、硼酸、滑石粉、乙醇。

2. 标本制作过程

1) 处死

脱脂棉蘸取乙醚，堵住喙气孔2分钟即可处死家鸽。

2) 测量

通常需要测量鸟类体长(喙端至尾端)、喙峰长(喙基生羽处至上喙先端)、翼长(翼角至最长飞羽的先端)、尾长(尾羽基部至最长尾羽的先端)、跗跖长(胫骨与跗跖关节后面的中点至跗跖与中趾关节前面最下方的整片鳞的下缘)、翼展度、喙裂长、趾长和体重等。此外，还需记录虹膜、脚、喙等裸露部分的颜色，以便标本制成后着色；记录性别、老幼、名称、采集地点和时间以及食性、鸣声等。

对处死的家鸽也需进行以上指标的测量，所有数据必须精确测量并准确记录，为以后的整形提供数据。

3) 剥皮

鸟类皮肤的剥离根据切口位置的不同，常分为胸剥法和腹剥法两种。

(1) 胸剥法

① 剥胸。把鸟体仰放在搪瓷盘内，嘴中塞入脱脂棉，用一小团棉花蘸水，将胸部要剖开部位的羽毛打湿，用解剖针把羽毛向两边分开，露出表皮，用解剖刀沿胸部龙骨突正中线切开(见图6-1)，切口从嗉囊至龙骨突后端，然后把皮肤向左右剥开至两肋，剥皮时随

时撒些滑石粉。

图6-1　胸部龙骨突处切开剥皮

　　在制作鸟类和小型兽类剥制标本时，一直以滑石粉、石膏粉或草木灰等吸附标本体表残污或渗出的体液，如血污、消化液、泥浆或污水等，但多年来，以上材料在实际使用中效果并不尽如人意。近年，土豆粉也被用于标本的剥制，取得了较好的效果。表6-1对土豆粉、石膏粉、滑石粉和草木灰使用特性进行了比较，仅供参考。在剥离家鸽时，为了达到更好的去血污效果，可以使用土豆粉。

表6-1　四种吸附剂的特性比较

种类	化学性能对皮张的影响	物理性能对皮张的影响	pH	作用	备注
土豆粉	对毛、皮、肉影响小，肉可食用	较易去除皮毛上的物质残留	6.3～6.4	吸水、吸血、止污	吸水快
石膏粉	对毛、皮影响小，肉不宜食用	较易去除皮毛上的物质残留	5.9～6.0	吸水、吸血、止污	吸水较快，易结团
滑石粉	对毛、皮影响小，肉不宜食用	不易去除皮毛上的物质残留	6.5～6.6	吸水、吸血、止污	吸水快
草木灰	对毛、皮无影响，肉不宜食用	较易去除皮毛上的物质残留	6.7～6.8	吸水	吸水慢，野外作业获取便捷

　　② 剪颈。在切口前端剥离颈部皮肤，切记不要弄坏嗉囊，在嗉囊前方，拉出颈椎，剪断颈椎(见图6-2)，剪断食管和气管，使头与体躯完全分离。左手拎起连接躯体的颈椎，右手按着皮缘，慢慢剥离肱骨和肩部之间的皮肤。

图6-2　剪断颈椎

③ 剪四肢。肩部皮肤剥至两翼基部时，用骨剪将肱骨连骨节肉剪断，等整个躯体剥离后再处理翼内肌肉，继续剥背部和腰部。剥至后肢时推出大腿，翻剥至胫骨，并在股骨与胫骨间的关节处剪断。附着在胫骨上的肌肉则在胫跗关节间剪断。

④ 剪尾。继续向尾部剥离，至尾的腹面泄殖孔时，用刀在直肠基部割断，注意及时用棉花堵住直肠。背部剥到尾基部，尾脂腺露出后，用刀切除干净，此时用剪刀在尾综骨末端剪断，剪断后的尾部内侧皮肤成 "V" 形。躯干与皮肤此时已经完全脱离。

⑤ 剥头。当剥到枕部，两侧出现灰色耳道，即用刀紧贴耳道基部，将其割离(见图6-3)。顺次向前剥，到眼眶周围，将刀尖竖起，沿眼眶边将眼膜与眼眶分离开，使眼球全部露出。皮一直分离到喙的基部停止，皮与头骨要保持连接状态。在枕骨大孔处切除头部后的骨骼和肌肉。至此剥皮的工作基本完成。

(2) 腹剥法。

首先，从腹部中央剪开，前至龙骨突后缘，后达泄殖孔前缘，不要剪破腹膜，以免内脏流出污染羽毛。然后，将腹皮剥向两边，接着推出后肢并剪断，剥出尾部，剪断尾综骨和直肠，继续往下剥离，方法与胸剥法相同。

对于头大颈小的鸟类(野鸭类)，需要在头或颈背上方中央直线剖开，剥离头部(见图6-4)。

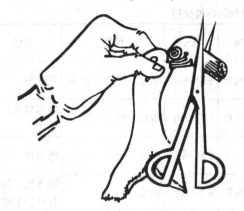 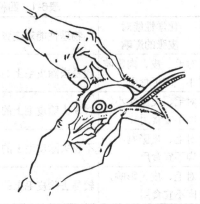

图6-3 枕骨大孔处切断颈椎　　　　图6-4 头大颈小鸟类头部剖口部位

4) 去肉

将留在骨骼和皮肤上的肉，脂肪等软组织清除干净，此步骤也可在剥皮时进行。

(1) 头部：用镊子夹脱脂棉从枕骨大孔塞入，将脑髓取出，反复进行，蘸净为止。用解剖刀、剪刀、镊子摘除眼球、舌头和各部位的肌肉。

(2) 翅膀：先将肱骨提起，剥除周围的皮，剔除肱骨上的肌肉，再将其送入皮内，然后把翅膀展开内侧朝上，自肘关节下刀沿尺桡骨中间位置顺次开至指骨端。皮向两侧分离，剔除肌肉。

(3) 腿：胫骨上肌肉的剔除与肱骨位置完全相同。

(4) 尾：用刀刮或用剪刀剪去在尾椎骨和尾羽根周围的肌肉、脂肪及尾脂腺。

5) 防腐

(1) 防腐剂防腐。

防腐剂一般是在皮内面涂刷。常用的有以下几种防腐剂。

① 砒霜膏，为剧毒药品，是防腐固定效果最佳的防腐剂。

配比：肥皂1500g、砒霜500g、樟脑粉30g，加入适量的水熬成膏状放凉，即可使用。

② 非剧毒防腐剂。

配比：明矾粉 60g、硼酸粉130g、樟脑粉 60g，搅拌均匀即可使用。

(2) 对于不易涂刷防腐剂的脚趾部位，应浸泡在浓度为75%乙醇溶液中2～4h。

6) 填充

(1) 制作支架。

按图6-5所示制作支架。取一根比头至脚长度长2.5倍的A铅丝，两端磨尖，然后中间对折扭转几转，用于固定头和脚。取一根比两翅伸展长度略长的B铅丝，两端磨尖，然后在中间弯曲，用细铅丝或线缚在A铅丝上，用于固定翅膀。再取一根比翅基部至尾基部长度2.5倍的C铅丝，中间对折，用细铅丝或线缚在A铅丝和B铅丝的连接处，用于固定尾部。

图6-5　家鸽标本铅丝支架

(2) 填充和缝合。

填充方法分两种：一种是利用脱脂棉；另一种是利用聚氨酯泡沫塑料。

利用脱脂棉填充的一般规律是嗉囊部位要少填，胸部要丰满，腹部要填起，背脊部位要显示，腿部要丰满，形态要逼真。一次性的填充量不要过大，应少填、勤填。

利用聚氨酯泡沫塑料填充具有标本轻、操作简便、标本不易变形等优点。具体方法如下所述：首先制作出比实体大一些的聚氨酯泡沫塑料(聚氨酯发泡材料A组分和B组分等比例混匀，灌进装有塑料袋的模型内，待发泡材料在模型内充分反应膨胀至模型口时，及时将模型口压紧1～2min 即可)，然后将剥出的躯干部侧放在聚氨酯泡沫塑料上，沿家鸽躯干部外形勾绘出大体轮廓，沿轮廓锯掉多余部分。之后，将修饰过的聚氨酯泡沫塑料背面向上放置，躯干部背面向下，沿躯干部外形勾绘出背部轮廓，锯掉多余部分，再将躯干部腹面向下，放在锯好的腹面向上的聚氨酯泡沫塑料上，沿动物躯干部外形勾绘出腹部大体轮廓，用刀削出胸腹部大体轮廓的粗模型。最后，依照躯干部结构用木锉锉出各部位精确形状，躯干部内模应与实体接近一致，再将穿插颈部、腿部和翅膀各部分的铅丝连接并固定在聚氨酯泡沫塑料内模的相应位置上。

填充、缝合、顺羽是交替进行的，填充一部分，缝合一部分，顺羽一部分，缝合的方法是从皮内向外穿针，顺刀口两侧对称缝合，针距要相等，由前向后缝合。

7) 整形

把缝制好的标本在轮廓、结构、趋向方面进行初步造型。确定好脚在台板上的具体位置，用电钻打孔，将脚掌部位的铅丝插入台板的孔中，使标本立起。将穿入台板下面的铅丝加以固定，使标本稳固立于台板上。将大小合适的义眼插入眼眶脱脂棉内，摆正。

8) 填写标本签

在每件标本的标本签上注明名称、雌雄、成幼、产地、死亡及制作日期等。

6.1.2 家鸽骨骼标本制作

1. 所需用品

解剖刀、小电钻、注射器、铅丝、铜丝、标本瓶、标本台板，502胶、玻璃标本盒、解剖盘、天平、量筒、烧杯、玻璃棒；过氧化氢、汽油、氢氧化钠。

2. 标本制作过程

(1) 处死。

用窒息法处死家鸽。

(2) 剥皮。

从鸽子腹部中央，纵行直线剪开皮肤，并向两侧将全身皮肤剥下。保留角质喙、飞羽和尾羽。

(3) 剔除肌肉、脑和骨髓。

① 剔除家鸽四肢和颈部的大块肌肉、胸大肌和胸小肌。从腹腔后方小心剪开腹腔壁肌肉，去掉内脏。

② 将去掉皮肤和大块肌肉的家鸽放入沸水中烫30～60s，取出后剔除细小肌肉。在肩臼处将前肢从躯体上分离出来，仔细剔除前肢骨骼中、腕、掌、指骨的肌肉，尽可能保留腕、掌、指骨间的结缔组织，使其始终自然地连在一起。

③ 在髋臼处将后肢从躯体上分离出来，剔除表面肌肉。观察记录膝关节和跗间关节的朝向、四趾的排布，保留趾端的爪。家鸽的肋骨、耻骨、锁骨、肩胛骨等均较薄，易洞穿或折断，剔除肌肉时应加倍小心。

④ 用小镊子缠上脱脂棉条从枕骨孔处旋入脑颅，除净脑髓。家鸽有14段颈椎，颈部肌肉相对发达，肌肉构成复杂。剔除肌肉时，不可过度加热，否则颈椎易散架。注意椎体朝向、连接方式和连接顺序。取一段细铅丝由寰椎的脊髓腔插入，将脊髓捣烂，用注射器吸水冲洗干净。对于肱、桡、尺、股等长骨中的骨髓，用解剖针或小钻头从骨骼两端钻孔后，用注射器吸水冲洗干净。吸除脑、骨髓目的是防止标本变黄发黑。

(4) 腐蚀和脱脂。

选择大小合适的塑料槽(桶)，倒入适量0.6%～0.8%氢氧化钠溶液，将标本的骨骼主体、附肢骨骼轻轻放入槽(桶)中脱脂，溶液必须完全浸没骨骼，脱脂24～36h。

取出骨骼，清水漂洗干净，用解剖刀仔细轻剔残留的肌肉，用牙刷刷洗。浸入二甲苯再次脱脂不超过5h；也可用汽油脱脂3天左右。完成脱脂后，取出标本，洗净晾干。

(5) 漂白。

将骨骼浸入5%的过氧化氢中5h左右，随时观察，待骨骼洁白时取出。

(6) 整形和装架。

将漂白后的骨骼初步整理姿态后，晾至半干，在腰椎的前端腹面，用小电钻钻个孔，取一段约2倍于体长的铅丝，将其一端由颈椎插入，由腰椎下面所钻的孔中穿出，把颈椎前端的铅丝弄成弯钩状，绕一些棉花，蘸取502胶，插入脑颅中，再将腰椎下端伸出的铅丝作为支柱，向下弯曲成适当的角度，根据骨骼高度和膝关节的曲度，把下端固定在标本台板上，用细铜丝把两前肢掌骨、尺骨和桡骨、肱骨和肩胛骨绞合，并连接在胸椎上。也可以将金属丝穿入家鸽的四肢长骨中，调整前、后肢各长骨间的角度，依照自然状态调整各关节朝向。调节颈部脊柱的弯曲度，摆正头骨位置。金属丝从跗跖骨底部穿出，穿透台板固定，此时，可不使用支柱铅丝。在剔除肌肉过程中，一些骨骼可能与主体分离，如指(趾)骨，此时应使用强力胶水将其连接在正确的部位上。将舌骨和眼球骨片固定在台板上。有时，也可将标本的飞羽和尾羽粘贴在骨骼上。家鸽整体骨骼如图6-6所示。

图6-6　家鸽整体骨骼

6.1.3　家鸽铸型透明塑化标本制作

铸型透明塑化标本可以展示家鸽的呼吸系统(气管、肺、气囊)及全身骨骼，兼有铸型、透明、简易塑化3种技术之长。制作过程如下所述。

1. 计算铸型灌注材料的用量

先对家鸽编号，称量家鸽体重并记录。将体重数据乘以17%(可依据气囊体积17mL/100g计算)再除以75%(制灌注材料时会自然损耗25%)，所得数据即为此次试验所需铸型灌注材料的体积总量。

2. 家鸽肺和气囊的灌注

(1) 配制铸型材料。

依据前面计算铸型灌注材料的总量，配置的比例为自凝牙托粉75g、自凝牙托水

100mL、邻苯二甲酸二丁酯44mL。配置方法：将少量的绿色油画颜料、邻苯二甲酸二丁酯加入自凝牙托水混合均匀，加入适量的自凝牙托粉充分搅拌即可。配置时应稍多做一些，且随时配制随时使用。

(2) 灌注铸型材料。

选择30天龄雄性幼鸽，处死后排血，之后小心拔除上颈部，腹部侧面的羽毛，切开上颈部皮肤，分离出气管，用一次性注射器吸取适量自凝牙托材料，将针头穿入气管，用棉线结扎气管。将自凝牙托材料注入气管，如腹部出现颜色，则表明灌注液已进入腹部的气囊，如阻力加大，停止注射，提起家鸽头部，鸽体下垂，拍打并震动鸽体再次注射，直至腹部颜色范围不再扩大。整个灌注过程不可大力、过量，不然会导致气囊壁破裂。灌注完成后，棉线结扎气管。待灌注材料固化变硬后，再灌注余下气管。灌注完成，清除口腔，鼻孔多余灌注材料。

3. 透明标本

由于家鸽肌肉发达，通常采用氢氧化钾溶液和甘油进行两次透明，具体过程如下所述。

(1) 固定。

灌注材料固化后，除去标本羽毛、皮肤、脑、眼、食管、嗉囊，在肛前开口，小心去除内脏，不要触及肺和气囊，然后浸入95%乙醇溶液(固定、脱脂)中，固定5~7天，每两天更换溶液1次，至标本充分硬化固定后，浸入清水中，除去乙醇。

(2) 漂白。

用3%的过氧化氢溶液浸泡固定后的标本数天，期间标本要经常翻动。刮除趾部的皮肤，当肌肉显现乳白色时，即可停止漂白。

(3) 初次透明。

在肌肉发达处，用针刺形成密集孔道，同时注射5%的氢氧化钾溶液，将上述处理过的标本放入1%的氢氧化钾溶液中浸泡数天，待肌肉半透明并隐约可见骨骼时，透明完成。这期间可更换透明液，以加速透明进程，疏松组织，利于后续步骤中各试剂的渗透。

(4) 染色。

茜素红染色剂配制方法：在95%的乙醇中加入茜素红，配制成饱和溶液，此饱和溶液可长期存放备用，取1份(体积)饱和溶液与9份(体积)70%的乙醇混合，配制成稀释溶液；然后取1份(体积)稀释溶液，加入等份(体积)2%氢氧化钾溶液，染色剂即配制完成。将标本放入染色剂中进行染色，至骨骼变为紫红色，即可停止染色。

(5) 脱色。

先用水洗去表面浮色，取1%的氢氧化钾溶液1份(体积)与50%甘油溶液1份(体积)配制成混合溶液，再将标本放入混合溶液中，直至肌肉颜色变为淡红色。

(6) 再次透明。

将标本依次浸入40%、50%、60%、80%的甘油，每次两天，然后浸入纯甘油中，直至肌肉无色透明，突显出铸型的气管、气囊、肺和骨骼即可。如果肌肉发达透明效果不好，可往此处注射纯甘油使其透明。

4. 塑化保存

塑化剂选用聚乙烯吡咯烷酮，简称PVP，是一种高分子水溶性化合物，塑化剂选用黏着性适中，水溶液为酸性的PVPK30。

(1) PVPK30塑化剂的配制。

先配制0.5%的氢氧化钾溶液作为母液，然后配制麝香草酚无水乙醇溶液，并加入母液中，使母液中麝香草酚质量分数约为2%，将母液加热到60℃，向母液加入适量聚乙烯吡咯烷酮，分别制成25%和50%PVPK30塑化剂。

(2) 塑化。

将透明好的标本依次浸入25%的PVP溶液浸泡5~7天，再转入50%的PVP溶液浸泡5~7天。此法操作简单，需要设备少，但塑化剂用量大，时间较长。

(3) 干燥、保存。

将标本整形后，既可以选用自然通风干燥，也可将温度控制在25℃，在干燥箱中对流干燥。干燥完成后，将制作好的标本放入有机玻璃盒或标本瓶中，密闭保存，同时可在其中放少量干燥剂。

在制作标本过程中，应注意以下方面：①为使铸型完整、饱满，要使用新鲜幼体(约30天内)；②为使透明效果明显，必须对标本排血；③灌注材料选用改良的自凝牙托材料，因为其配制简单，便于操作，灌注后收缩率小，无须补注，一次成型；④从处死到铸型灌注，时间越短灌注效果越好；⑤经乙醇防腐处理后，用茜素红染色效果优于用福尔马林防腐固定；⑥漂白可使透明效果更佳；⑦使用氢氧化钾溶液时，浓度宜小不宜大，以免标本的骨骼离散；⑧在塑化标本时加入少量麝香草酚，可使保存效果更佳。

6.2　鸡标本制作

6.2.1　鸡剥制标本制作

通常采用胸剥法制作鸡的剥制标本。

1. 所需用品

参见家鸽剥制标本制作所需的用品。

2. 标本制作过程

(1) 剥制前准备。

在处死鸡前，先熟悉掌握鸡的外部形态和内部构造，为标本制作提供可靠的依据。

(2) 材料选取。

挑选嘴、爪和主要羽毛完整，适于制作标本的活鸡。

(3) 颈动脉放血处死。

用剪刀从口腔内插入头部下面2cm处，剪断颈动脉，从口腔放血处死。处死后，在口腔内和泄殖腔孔各塞入一团棉絮，以防剥皮时污物流出，污染羽毛。

多数鸡的羽毛上和泄殖腔孔周围都有污物和血污，要洗净，洗过的湿羽毛用石膏粉吸干。如果羽毛上的污脏不洗干净，会影响标本的美观。

(4) 测量并记录。

做好嘴色、脚色和虹膜色的记录。先测量鼻孔和眼的距离，再测量剥出的躯干的长、宽和大腿股骨的长，最后测量肱骨、桡骨、尺骨的长和胫骨的长。做好记录，以备扎内芯时作为参照。

(5) 剥胸。

等鸡体冷却，血液凝固后，将处理完毕的鸡放在干净台板上。准备一碗石膏粉或土豆粉，撒在切口处，防止弄脏羽毛。将胸部中间羽毛分向两旁，露出皮肤，用解剖刀沿嗉囊后面龙骨突起部分切开，切口至龙骨突起后端。在分开的羽毛上撒上一些石膏粉，用两手大拇指和食指拉着切开的皮肤，右手中指、无名指和小指，伸入皮肤内，将皮肤和胸肌拨开，剥露出全部胸肌。

(6) 分离躯干。

用左手大拇指和食指拉着嗉囊部皮肤，右手大拇指和食指拉着嗉囊，轻轻将嗉囊和皮肤分开。用两手的食指和中指伸入嗉囊处颈部的皮肤内，分开颈部的皮肤和肌肉，再分开翼基部的皮肤和肌肉。切断颈椎和肩关节，翻出躯干，剥出大腿，切断膝关节，在皮肤内留有小腿。剥到泄殖腔处，从泄殖腔孔塞入一团棉絮，一直塞到直肠处，然后在泄殖腔处剪断直肠，剥出并切断尾部。取出躯干，放置一旁，以备扎内芯时作为依据。

(7) 去肉。

在尾部剥出并挖掉背面尾脂腺(见图6-7)，注意不要弄破皮肤。剔去尾部残留肌肉，注意不要剪断尾羽的羽轴根。然后用左手拉着翼部的肱骨，右手大拇指甲将肱骨周围皮肤剥离，剥到桡骨和尺骨时，用尖嘴钢丝钳的背部，平放在尺骨和飞羽轴根处，用力将飞羽轴底刮离尺骨。

翼部剥到露出腕骨为止。在指骨处切开3cm的皮肤，露出指骨，以备以后涂防腐剂。在翼部皮肤内保留肱骨、桡骨和尺骨。剔去骨上的肌肉。用左手拉着小腿，用右手大拇指甲将小腿周围的皮肤剥离，并将皮肤向下轻拉，一直剥到露出跗跖骨为止。去掉胫骨周围的肌肉。在跗跖部用解剖刀切开，露出白色的腱，用镊子尖头在腱和跗跖部之间穿过，用力将腱挑出，用剪刀齐跗跖部将腱剪断(见图6-8)。

  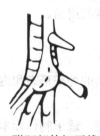 

(a) 尾部腹面 　　(b) 尾部背面尾脂腺　(a) 跗跖部的切开线　　　(b) 剔除肌腱

图6-7　鸡尾部　　　　　　　　　　图6-8　跗跖部处理

(8) 剥头。

由颈部剥到头部时，将头直竖，喙顶在台板上，用两手大拇指甲小心地将头周围皮肤剥离。剥到外耳时，用右手大拇指和食指的指甲揪住外耳孔处皮肤，将耳孔内的白色薄膜分离。用剪刀沿着眼眶小心将眼球前薄膜剪开，不能剪破眼睑。头部一直剥到喙基，切断枕骨和寰椎之间连接。挖掉眼球，如不小心刺破水晶体，流出液体，马上覆盖石膏粉或土豆粉，以免弄脏头部羽毛。去掉舌，挖掉颅腔内的脑，剔除头部肌肉。

(9) 涂防腐剂。

仔细检查剥下的鸡皮，如果发现有剥破的地方，用针线在皮肤内表面缝好。如果羽毛上有血渍或污斑，需洗干净，可用棉絮蘸水拭洗，然后用石膏粉或土豆粉吸干。将鸡皮翻向外，用扫帚或大毛笔将防腐剂涂在皮肤内表面和剩留的骨骼上，颅腔内、眼眶内都要涂到。防腐剂略干后，再将皮肤翻转过来。用左手手指捏着喙，将鸡体拎起，用鸡毛帚从头到尾顺着羽毛轻轻拍打，使羽毛蓬松。

(10) 扎内芯。

① 制铅丝架。铅丝的粗细以能支撑住标本为准。以雄鸡为例，颈和躯干用16号、后肢用14号、翼用18号。铅丝的长度是颈和躯干部铅丝的长，加上从嘴尖向前伸出4cm左右，尾部向后穿出8~10cm。支撑后肢部的铅丝，一端从右足底穿出10~15cm，另一端通过躯干，从左翼基部伸出4~6cm。支撑翼部的铅丝从右翼指骨(展翅)开始穿过左翼(收翅)，伸出翼外4~6cm。

② 卷颈芯内芯。颈部长加上插入头骨和插入躯干的长度，就是颈芯的长度。先在颈芯铅丝上绕一段细铅丝，然后卷上细竹刨花，粗细同鸡的颈部。铅丝要卷得松些，卷好后松松地绕上线。

③ 卷躯干芯。用竹刨花卷绕成如剥出的躯干一样的形状。躯干芯前端背面凹入处，准备插入颈芯，然后绕上线。在前肢的肩关节和后肢的膝关节切断处，做上记号，以便塞内芯时插入前肢和后肢的铅丝。

(11) 装内芯。

拉着桡骨、尺骨轻轻地将翼部的皮肤翻向外，先将翼部铅丝的一端由皮肤下穿过桡侧腕骨和尺侧腕骨间，再穿入腕掌骨和指骨内，用线将翼部铅丝绕牢在桡骨、尺骨和肱骨上。然后用棉絮松松地绕在缚有铅丝的翼部骨骼上，将翼部皮肤轻轻向上拉起，暂时弯成收翅状，让掌骨向里弯，把桡骨、尺骨和肱骨弯成凹形，并向上推弯，形成收翅状。拉着头部将颈皮翻向外，先将卷好的颈芯的前端铅丝通入颅腔由顶部穿出体外，用黏土填塞眼眶，填补头骨上剔去的肌肉。在颈芯和头骨间的下颌咽喉部用棉絮塞平，避免塌陷。再用右手大拇指指甲顶着紧缩在头骨上的皮肤，小心地将皮肤一圈圈地翻回，翻回颈部皮肤后，用手轻轻地捋顺颈部羽毛，将羽毛理平。然后在鼻孔内用针线穿过，缚好嘴。

在已制塞好头部和两翼的鸡标本内通入卷好的躯干芯。在躯干芯的背面凹入处插入颈芯铅丝。在躯干芯上做有记号处插入两翼铅丝，将翼部铅丝穿出躯干芯的一端，再弯转插入躯干芯内固定。将颈芯铅丝一直穿过躯干芯，在尾羽羽柄处弯成小圆圈，然后穿出尾部，再将铅丝端弯成三角形。取已量好的后肢铅丝，敲平直后，将铅丝的尖端通入跗跖骨和鳞状皮肤间，一直由脚底穿出体外10～15cm。因抽去足腱，铅丝通入较为顺利。用线将铅丝和胫骨扎在一起，绕上细竹刨花，再绕上线。

最后将后肢皮肤拉起，先将后肢铅丝的另一端穿过躯干芯上所做记号，再将穿出的铅丝弯转插入躯干芯内固定。鸡的固定如图6-9所示。

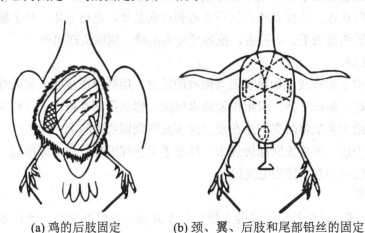

(a) 鸡的后肢固定　　　(b) 颈、翼、后肢和尾部铅丝的固定

图6-9　鸡的固定

接下来填塞补充棉絮。在嗉囊处补塞一团棉絮，棉絮周围要捏成扁薄形；在背部铺上薄薄一层棉絮；在大腿部裹上一段棉絮；在泄殖腔孔周围和两面胸肌处各铺上一层棉絮；在龙骨突起处填塞长条棉絮。

(12) 缝合。

缝线时先将胸、腹部皮肤拉拢，将羽毛分向两旁。用针线从嗉囊开始一直缝到尾部为止，缝时针口要阔些，不能离切开线太近，否则拉拢时容易拉破皮肤。为避免将羽毛缝在针脚间，要边缝边将羽毛分向两旁。缝好后，再将羽毛拨拢。

(13) 整形。

先调整后肢、头颈和翅膀，使鸡呈自然站立姿态，然后从头到尾理好羽毛，不顺的羽毛用镊子拨顺。在初级飞羽和复羽间夹入一小块A4纸，再插上回形针固定，在尾羽上也固定好；也可用纱布或薄棉絮松松地将全身羽毛包裹固定。用镊子夹着上色的义眼，装入眼框内，再用镊子将眼睑按张开状拨整。鸡的整形如图6-10所示。

(14) 鸡冠的制作。

剪一略小于鸡冠的纸板衬芯备用。

用解剖刀切开鸡冠基部皮肤(见图6-11)，划入鸡冠内部，将鸡冠划割成两层，不要割破鸡冠皮，在鸡冠内表面涂上防腐剂。待防腐剂略干后，先填入薄薄一层油灰，然后塞入纸板衬芯，将纸板衬芯的脚托在头骨上，再填塞薄薄一层油灰(即两层油灰中间是纸板，而油灰接触鸡冠皮肤)，最后缝好鸡冠基部切开的皮肤。重新拨整眼皮。在跗跖部鳞状皮肤下注入少量15%～20%福尔马林。放置一旁，阴干。

图6-10　鸡的整形　　　　　图6-11　鸡冠剖口线

(15) 上色。

待标本干燥后，用鸡毛帚从头到尾刷去灰尘。用油画颜料调成与活体相同颜色，然后上色。当油画颜料略干，涂上一层薄薄的清漆。在脚上和喙上也涂一层薄薄的清漆。最后将标本固定在底盘上，贴上标签。

6.2.2　鸡骨骼标本制作

1. 选材

制作鸡骨骼标本应选择成年鸡(1岁左右)，因其骨质致密，不少骨已互相愈合，许多骨已不含骨髓。幼鸡骨骼发育不全且愈合不牢，经加工后易散离，且骨内均含有骨髓，影响脱脂和骨质的洁白度；过老的鸡的某些部位骨质有增生或钙化，会造成界限不清，达不到预期效果。

2. 放血

用剪刀从口腔内插入头部下面2cm处，剪断颈动脉，从口腔放血，将其处死。放血要完全，这样可防止骨内淤血，制作出的骨骼洁白、美观。

3. 去除软组织

脱去鸡全身羽毛，剖开腹腔摘除其内脏，分别自寰枕、肩、髋等关节处卸下头、前肢和后肢，然后剔除全身各部位的软组织(肌肉和筋膜等)，谨防损坏韧带和软骨，这样可保持各骨间的连接和基本方位。处理胸廓部软组织时应倍加小心，倘若破坏了胸廓的关节，致使肋骨离散，重新黏着既费事又不易恢复原形。初次去除软组织约90%即可，欲完全清除之，待煮制后再进行，切勿急于求成。剔除软组织到颈椎的界限明显时，即可将倒数第二到八颈椎卸下(因为最后两颈椎附有颈肋，宜连接在胸廓)。将卸下的颈椎用铅丝从椎孔穿通扎好，以免煮制时丢失。接着去除脑髓，摘除眼球和舌(备制巩膜环和舌骨)，保存好，另做处理。最后在股骨、胫腓骨和大跖骨的两端各钻一小孔，以利于脱脂。以上处理完毕后，将全部骨骼置于自来水中冲洗干净。

4. 煮制

煮制有两种方法：一种是常规水煮，另一种是碱水溶液煮制。常规水煮时，将骨骼置于容器内水煮至肌肉熟烂而韧带不脱离为准。而碱水溶液煮制的方法相对节省时间，具体做法如下所述。首先配制0.5%～1%氢氧化钠，盛入陶瓷的容器内(忌用金属容器，避免腐蚀)，以满过骨骼的高度为准，加温，将骨骼按后肢、前肢、颈椎、胸廓和头次序先后放入溶液内，这样可减少胸廓被挤压而变形，也便于随时翻动和观察。大约煮制1h，胸廓在煮沸后30min即需不时地检查，到胸廓上剩余的肌肉能用镊子剥离时，速从溶液中取出骨骼。将摘下的眼球沿巩膜环后缘(保存角膜和巩膜环)除去其余一切附着物，置流水中冲洗干净，用吸水纸吸干，放入3%过氧化氢液中约1天，褪去色素，取出后，晒干备用。因舌骨附有软骨，后肢趾部附有趾骨，为避免散失，用纱布包好，水煮即可。

煮制后，从碱液中取出所有骨骼，置流水中冲洗，再剔除一切残留的软组织，若不能彻底清除，可再煮之，但碱溶液浓度以0.3%～0.5%为宜，时间应更短，到清除干净为止，再冲洗、沥干。

5. 脱脂

将骨骼浸泡在汽油中，以浸没全部骨骼为宜，浸泡3天左右，届时取出，摊开置于空气流通处，任其挥发半天。为了彻底清除髓腔中的脂肪，可用探针从骨端预先钻好的孔插入髓腔，任意捣拌，破坏其骨髓间隙，将骨髓或脂肪从骨的另一端吹出，如此反复多次，至全部吹出，再用清水冲洗，晒干。

6. 漂白

将脱脂好的骨骼，浸入3%的过氧化氢液中，以浸没骨骼为宜，浸泡时间视个体和部位而定，如头骨漂白最快；臂骨和椎骨次之；后肢骨最慢。一般需1～3天，届时取出，用水冲洗干净，晒干。

7. 整装

整装是将零散的骨骼，按其生前原来的形态、位置和结构整装成活体时姿态的过程。首先将各大部位的骨骼分别取出，排列好，按顺序复查一遍，接下来按各块散骨原来自然排列的方式用胶固定起来。制作时，将骨的关节面用无水乙醇或丙酮揩净(防止油脂和污物)，滴一滴502胶于关节面上，胶层厚度宜在0.1mm以下，然后将两关节面吻合，稍施加压力即可。如要加快凝固进程，用电吹风对准黏合处吹，吹到骨骼发热为止。把穿有细铅丝的椎骨弯成一定形状，再用502胶使其稳固。

经过煮制的骨骼，关节软骨常脱落，韧带及半月状板有不同程度地受损，这时骨骼只能大体接合，因接触面小，压力大，不易黏合，可以采用棉花浸胶粘连的方法解决。例如，髋关节的特点是髋臼窝深大而股骨头小，经过煮制后，因关节软骨脱落，分别变得深宽和细小，而且髋臼底是通的，仅靠一滴502胶是黏合不牢的。鉴于此，可在髋臼和股骨头上预先粘上一薄层棉花，以加大其关节面，在粘棉花之前，先将髋臼和股骨头锉成粗糙面或用刀刻几道痕，以增加其固着力。又如，喙骨与胸骨连接处关节面小，易松动，可在其内侧面(胸腔面)加些棉花纤维，滴上一两滴502胶，扩大其附着面。再如，膝关节的，半月状板常因煮制而受损或脱落，造成固着困难，这时，可根据半月状板的大小、形态和位置以适当棉花加502胶仿制，使关节面吻合，既增加吻合度，又恢复其本来面貌，增添了真实感。如果膝关节的内、外侧副韧带有损，需用棉花和胶液仿制补上，以增加其牢固性。此外，凡在空隙、凹陷处和不影响外观的地方都填上适量的棉花和胶液，起到辅助加固作用。

8. 安装

在大跖骨的远端和各趾骨的底面与木板之间垫以少许脱脂棉化(增加接触面)，加适量的502胶(浸透为宜)，暂时扶植固定2小时左右或用电吹风快速吹干，即可将标本立于光面台板上。

也可以在趾跖骨远端(偏跖侧)原先钻好的孔中，插入与孔径相应粗细的一段铅丝(长度比趾跖骨长5cm)，从孔内填入少许脱脂棉，滴入几滴502胶，再将露出的铅丝对准台板上钻好的两个与左右后肢间等距离的孔中，最后在台板的底面别弯固定。

颈椎和头骨在未上架之前，预先按鸡的自然弯曲度粘好，再安装，最后贴上标签。

6.3　卵标本制作

1. 取材

取鲜鸟蛋为制作材料。

2. 制备蛋壳

把鸟蛋放在清水中浸泡 3～4h，使清水由蛋壳的气孔中浸入卵内，稀释蛋白。在蛋壳的一侧，选色泽比较一致的地方，钻一小孔。使蛋孔朝下，用50mL注射器针头垂直朝上，缓缓注入清水，蛋内蛋白受水压挤，则顺着针头周围流出来。如此进行数次，蛋内即被水冲洗干净。最后用注射器将蛋壳内的清水抽净，晾干即成标本。

3. 保存

用石膏粉加水调成稀薄的石膏浆，灌在蛋壳内，用手指封住小口，转动几次，使石膏在蛋壳内凝固，增加蛋壳厚度，以利于卵标本的保存。

第7章
爬行类动物标本制作

爬行类动物主要有蛇、龟、鳖、鳄鱼、蜥蜴、壁虎等，它们身体明显分为头、颈、躯干、四肢和尾部。这些爬行类动物颈部较发达，可以灵活转动，体温不恒定，是真正适应陆栖生活的变温脊椎动物，与鸟类、哺乳类共称为羊膜动物。龟和蛇具有很高的观赏、药用和食用价值，也常作为宠物被饲养或大规模养殖。本章将介绍龟和蛇标本制作方法。

7.1　龟类标本制作

7.1.1　龟类剥制标本制作

目前，剥制龟类标本多是将腹甲与缘甲间的两侧锯开，仅留腹甲与颈部皮肤相连。

1. 标本的选择和处理

选用头、尾、四肢的皮肤和硬甲等完整无缺且新鲜的龟类为标本材料，如采用活龟，则必须先行处死。剥皮前使活龟强行张口，用针筒在喉头开口处向气管中注入氯仿4～5mL，或向泄殖腔深处注入氯仿，使其死亡。

2. 测量和记录

剥皮前，先将龟体背面和腹面分别用数码相机拍照留档，以备标本整形着色之用。由于龟体覆以硬甲，剥制后不变形，故在剥制时一般不需测量。标本制成后要进行登记、编号，记录性别、采集地点、采集日期，并书写在标签上，用线穿挂在龟脚上。

3. 龟类皮肤的剥制

由于龟类的躯体覆以硬甲，故需用骨锯将它的腹甲与缘甲间的两侧锯开，并将前臂与腹甲间，大腿、尾与腹甲间相连的皮肤切开，也就是说整个腹甲仅与颈部皮肤相连(见图7-1)。然后，用解剖刀割离附在腹甲内壁上的肌肉，直至腹甲完全与躯体肌肉脱离，除去内脏，并把前肢的肩带骨和后肢的腰带骨连同肌肉逐渐地用刀割除干净。接着将四肢跗跖及尾的腹面剖开，再把四肢逐渐剥离后除去四肢骨(包括掌骨和跗跖骨)，随后将尾部剥离。最后，由颈向头部剥去皮肤，当剥至头骨出现时，由于头颅顶的皮肤已骨化，非常坚硬，无法再向前剥离，所以可在第一颈椎骨与枕孔之间将颈项截断(见图7-2)，再用骨剪或凿把头骨下的基枕骨、基蝶骨和上颌等除去，操作过程中，要确保头部外表不受损伤，接着将两颊等处肌肉除净，挖出眼球。

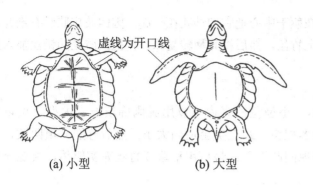

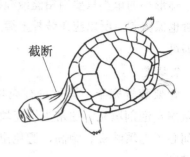

(a) 小型　　　　(b) 大型

图7-1　剥龟的方法　　　　　　　图7-2　截断龟头骨

某些大型的爬行动物背、腹甲甚厚，肋间板部分呈中空状，骨隙中间储藏着很多骨髓和脂肪，需用凿将背腹甲内侧凿开，然后铲去其中的脂肪和骨髓。否则，制成标本后，时间一长，脂肪即由骨隙中溢出体外，标本质量将受到影响。

小型的龟类不必剖开四肢就可以翻剥下去，但需将肱骨、尺桡骨和股骨、胫腓骨留着，将附在肢骨上的肉除净，并用一根铅丝穿过椎管，将脊髓清除干净。

4.脱脂

去掉龟皮肤上的肉后，在皮肤表面涂上一层次氯酸钠饱和溶液，暗光放置10min，看到残留的肉碎变色，脂肪溶解即可。这种方法进行脱脂，价格低廉，效果较好。

5.防腐

将龟用75%乙醇浸泡一两天，取出后晾干，撒上硼酸防腐粉。

6.做骨架

龟姿态标本的充填量取头至腹长两倍的铅丝一段，在中点处将其折合成镊状，在铅丝上用竹丝缠绕成如颈项粗细(铅丝端部需留出少许)，把不相连的一端伸入头部，并由脑颅插入，直至鼻孔中，再使铅丝固定在头骨上，然后用针线把尾部剖口缝合。量取腹至尾端长度的铅丝一段，用竹丝缠绕成略似尾椎的形状，插入尾部。再量取两肢伸直长1.5倍的铅丝两段，将铅丝一端磨尖，四肢处的铅丝只起固定形态的作用，而不需要做支撑身体之用，故不将铅丝露出体外。躯体中央用一块长方形的木条，把头、尾和四肢的铅丝分别固定在躯干部的木条上(见图7-3)。

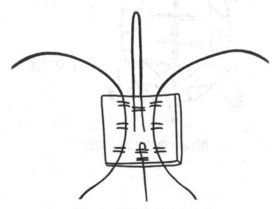

图7-3　龟的铅丝支架安装

体形小的龟类只要用铅丝或绳在躯干中心把它们结扎在一起，因四肢皮肤没有剖开，肢骨也保留着，所以应在肢骨上缠上竹丝。然后将其翻转复原，再把四肢处的铅丝插入脚底即可。

7. 填充

骨架装置完毕，即可进行充填。小型龟的壳内可以用脱脂棉填充，大型龟可以用聚氨酯发泡剂填充。通常先用充填器把头、颈充实至适当大小；然后分别充填四肢，关节间必须充填结实、饱满，避免出现凹凸不平；最后用稻草或竹丝充实躯体，直至充填饱满。

这时，把腹甲盖上，沿腹甲剖口两侧边缘，用钻穿成数对(每侧四五对)相对称的孔，顺次用细铅丝穿连并加以绞合，将铅丝端部嵌入剖口缝中。再用针线把四肢与腹甲之间的剖口及尾部与腹甲间剖口边缘的皮肤缝合。对于小型龟，用热熔胶进行龟板黏合即可。

8. 整形

将龟头部仰起，用木块等物把头部垫起，以防干燥过程中下垂；在四肢固定前，确定关节的弯曲度；依据虹膜的颜色装配义眼；待干燥后，在龟的外表涂一层清漆，以增加光泽和保护。

最后把标本放在柜内，即使没有条件，也要注意防尘、防潮、防虫和避光，将标本放置在远离热源的地方。

此外，对于小型龟还可采用"皮肤腹剥法"。传统的龟类剥制标本制作需要用铅丝和线缝合硬甲和剖口皮肤，影响标本的观赏性，而"皮肤腹剥法"仅剖开腹甲边缘的皮肤，并辅以"皮肤内缝合"来剥制龟类标本，很好地解决了上述问题。这种皮肤腹剥法的剖口如图7-4所示。

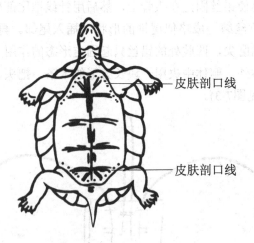

图7-4 龟的皮肤剖口线

7.1.2　龟类骨骼标本制作

1. 剔除肌肉

龟骨的主要特征表现为具有由角质板愈合的背甲与腹甲。躯干部的脊柱、肋骨和胸骨也与甲板愈合，甲板外覆有角质鳞，躯体包裹在背、腹甲之中。所以，必须用骨锯将腹甲两侧的边缘锯开，用刀沿腹甲周围割开皮肤和肌肉，取下腹甲。头骨、脊柱与肩带之间有韧带相连，但与背甲、脊柱之间没有韧带相连，左右前肢、带骨之间彼此互不相连，因此在剔除肌肉时，须把左右肩胛骨上端从颈椎板两侧把它割下。然后用刀、剪将头颈、躯体、尾、带骨及肢骨等处的皮肤和肌肉基本剔除，剥离头部时，注意保留鼓膜处的听骨(很小，仅有针的一半大)。背甲、腹甲表面的角质鳞，可待腐蚀处理之后再剔除。

在剔除肌肉前，有时也可把龟放在开水里泡一下，这样，熟龟肉容易从龟壳脱离。

2. 腐蚀和脱脂

将已初步剔除肌肉的龟骨架用清水冲洗干净，放入配制好的防腐剂中，过2～4天(冬季可过5～8天)后取出，用清水冲洗，再用解剖刀剔除残留在骨骼上的肌肉。然后，将剔除干净的骨架放入密闭的装有汽油的桶中，进行脱脂处理，夏天浸泡一两天，冬天浸泡三四天。浸泡时注意防火。

3. 漂白

把已经脱脂的龟骨架用清水漂洗干净，浸泡于过氧化氢中，随时观察骨骼表面的变化，至骨洁白后取出，并用清水冲洗干净。

4. 整形和装架

将已漂白的骨骼，整理成适当的姿态，主要是把四肢的位置整形好，使头、颈伸直，置于阳光下晒干后，在背甲两侧的第二缘甲板边缘，即前肢肱骨的两则位置上，各钻两个小孔，用尼龙线穿过孔中，把前肱骨缚住。肩胛骨的上端，用502胶粘在颈骨板两侧。这样前肢的带骨、肢骨与肩胛骨相连。背甲和腹甲的一侧用一小铰链将其相连，或者用铜丝绕成弹簧状，中间穿一根铜丝，并将弹簧的两端分别穿入背腹甲的边缘。在背甲的腹面(体腔的内侧)，把弹簧和铜丝两端铆住，在另一侧安装一搭钩，使腹甲可以开启和关闭，便于观察。支柱是用两根18号铜丝把中间绞合后，使其一端弯曲成"丁"字形，并把它固定在背甲两下侧的钻孔中(钻孔在第九或十一缘甲板边缘的位置上)，下端则固定在标本台板的底面。为了加强头骨和颈椎的牢度，最好在第八颈椎处将颈卸下，由骨髓腔中穿入一根16号铜丝直到头骨脑颅腔内，下端的铜丝则插入背甲的髓腔中，在颈椎与胸椎之间用白胶粘住(见图7-5)。

5. 风干

将冲洗干净的龟壳放置在背阴处，风干一周左右，直到没有异味。

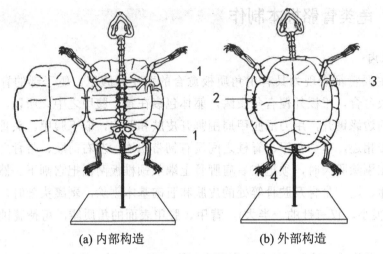

(a) 内部构造　　　　　　　(b) 外部构造

图7-5　龟骨骼标本

1-四肢固定位置　2-连接位置　3-搭钩　4-支柱固定位置

6. 刷油

等龟壳风干之后，若龟壳颜色有缺陷，可以用油漆笔补上颜色，然后在壳上刷上橄榄油或指甲油。

7.2　蛇类标本制作

7.2.1　蛇类浸制标本制作

1. 处死

采集或购买的标本用一浸透乙醚的棉球，连同标本放置在密闭容器中麻醉，容器的盖要盖紧，根据标本大小，控制麻醉剂的用量和麻醉时间。

2. 测量

戴防护手套将标本取出，用清水冲洗体表的黏液与污物后，测量以下几项数据：①体长(从吻端至尾端的距离)；②头体长(从吻端至肛孔的距离)；③尾长(从肛孔至尾端的距离)；④眼径(眼前缘至眼后缘的直线长度)；⑤胸围(胸部最高处的体周长)；⑥腹围(腹部最高处的体周长)。最后，将标本拍照。

3. 整姿

蛇类标本在整姿时，可先在其体腔中用注射器注入4~8mL的10%福尔马林。整姿时，按标本瓶的容积将蛇体整成蛇头向上的盘旋状态，整理好后，用线扎紧，以防标本在固定时变形。

4. 固定

用5%福尔马林液或50%乙醇固定标本。稍大的蛇类可在腹部中央纵划一刀，让浸液透进体内。乙醇浸制将标本由30%乙醇固定一两天后，转入50%乙醇中。

5. 装瓶保存

将固定1周左右的标本取出，整形后，绑在玻璃板上，浸于装有10%福尔马林或75%乙醇的标本瓶中保存。若长期保存标本，浸制1周后更换一次保存液，瓶外贴上标签。

7.2.2 蛇类剥制标本制作

1. 处死

选择鳞片、皮肤完好，标本完整无损伤的活体，在密闭容器中用乙醚熏死。

2. 测量

需要测量体长、头体长、尾长、眼径、胸围、腹围等，并拍照，以作充填时参考。

3. 剥皮

将蛇体仰卧伸直，在躯体的腹面中央纵行切开约20cm，由于蛇类腹部肌肉层较薄，在剪开腹皮时，有可能将整个腹腔剪开，可从开口处将腹皮和所连接的肌肉剥离至背面(见图7-6)，先把前面一段逐渐翻转，耐心剥离至头部鼻端，在颈椎与枕孔之间切断，保留头骨。

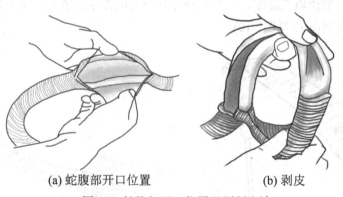

(a) 蛇腹部开口位置　　　　　　(b) 剥皮

图7-6　蛇腹部开口位置及剥制方法

用同样方法向后部尾端翻转剥离。剥至肛孔时应注意保留一定长度的肠，以防表皮被撕裂，须将肛门部位剪开，接着往尾端剥离，直至蛇皮完全剥离(见图7-7)。

处理头部时，要先将下颌里面的肉剪开，将头翻出来，并除净附在头骨下侧的肌肉，再挖去眼球和舌头，最后用镊子去除脑髓，也可用棉签来清理脑髓，清理一次换一个棉签，反复多次，直至将脑髓清理干净(见图7-8)。

最后检查头部还有哪些地方的肌肉没有处理干净，特别注意的就是环节处和脊椎连接处，这两处地方肌肉处理比较费事。

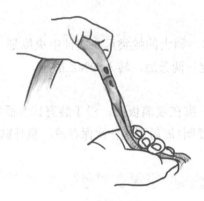

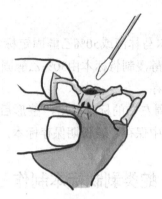

图7-7 蛇尾部的剥离   图7-8 去脑髓

4. 防腐

将剥离的蛇皮浸入75%乙醇中，一两天后取出，再浸在水中冲洗2～3h，待皮肤柔软后取出擦干，在蛇皮上撒上硼酸防腐粉(硼酸∶明矾∶樟脑=5∶3∶2)，在颅腔内应多放一些防腐粉。

5. 充填和整形

填充必须在一天之内完成，否则蛇皮就会干掉。事先准备好加入适量的硼酸防腐粉的细木屑，以备填充。剪一条比蛇略长的铅丝，将外翻的尾部皮肤往回推(见图7-9)，形成空间，一边填充细木屑，一边压实，当接近至肛门时，用细线将肛门缝合起来，再填充。

过了肛门后可加快填充速度，一直至腹部开口的位置停止填充，固定好蛇头骨，将剩下没有填充的蛇皮翻出来(见图7-10)。

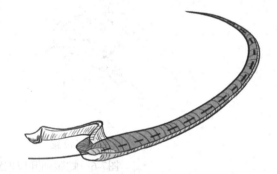

图7-9 蛇尾部的填充   图7-10 腹部开口处翻出未填充蛇皮

将蛇皮翻出来之后，铅丝先穿出蛇的口腔，然后用一团棉花将喉咙部位堵住，接下来从头部往下填充，直至填充至腹部开口部位。腹部开口处边缝合边填充(见图7-11)，缝合切口对准，针口由鳞下穿入，以隐蔽缝线痕迹，同时还要细心操作，避免鳞片脱落。注意填充要适度，不要太过饱满或太少，影响美观。

用竹片做成一个假舌，着色后插入原舌头的部位。眼眶内嵌入脱脂棉后，装入义眼。蛇类标本的整形应根据蛇生活时的姿态，一般头胸略抬起，身体紧贴附于固着物，呈弯曲状爬行于地面(见图7-12)或绕旋于树的状态，无毒蛇一般做成闭口状，毒蛇可做成开口姿态。用稀薄的清漆涂于躯体的表面，以增加鳞片的光泽，通风处晾干即可置于干燥处或标本橱中保管或陈列。

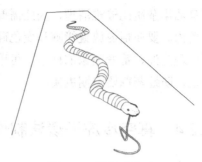

图7-11　蛇头部的填充与缝合　　　　　　图7-12　蛇标本姿态

6. 贴标签

标本制成后，进行登记，将体长、性别、采集地点、采集日期和躯体颜色等记录下来，同时在标签上写好标本的编号并贴在标本台板上。

7.2.3　蛇类骨骼标本制作

1. 处死和剔肉

最好选用活蛇，用乙醚熏死。将蛇放在解剖盘上，用剪刀从腹剖中央切开，距头和尾还有相当距离时停止，除其内脏后开始剥皮，先从中央剪成两段，向头尾两端剥皮，当剥至头部下剪时不要伤害头骨，剥至尾部时不要用力过猛，避免扯断尾部，然后顺着脊椎两侧用小刀和镊子慢慢进行剔肉，切不可损伤髓棘和两旁的肋骨。

2. 腐蚀和脱脂

当骨骼上附着的肌肉大部分被剔除之后，放入2%～3%氢氧化钾内浸泡约1天，随时观察，当发现骨骼上残留肌肉有溶化现象，立即取出，放在清水里冲洗，然后放入1%～2%氢氧化钾内浸泡，浸泡到骨骼上肌肉能全部剔除时，即可转入脱脂。脱脂是将蛇的骨骼放在3%氢氧化钾溶液内一两天；也可用汽油进行脱脂，能有效避免损伤韧带，处理过程中要特别注意容器的密封并远离高温、明火。

3. 漂白

蛇的骨骼标本也可用3%氢氧化钾液进行漂白，浸泡一两天后取出，或者浸入0.5%～0.8 %过氧化钠中1～4天，或侵入3%的过氧化氢溶液中3～5天，随时检查，待骨骼洁白后取出，漂白时间不宜过久，避免骨釉质被氧化，避免脊椎骨和肋骨之间的软组织连接断开。漂白后的骨骼标本立即放入清水中冲洗。

4. 整形和装架

先用一根铜丝从头端穿至尾端，将蛇的脊椎穿连起来。随即进行整形，将这一整套骨骼用大头针固定在蜡盘或木板上，整理成蛇生活时的适当姿态，如发现有些骨骼散掉，要先用胶粘好。然后把蛇的一套完整骨骺标本放在标本台板上，用铅丝卡子将其固定住。最后把标本装进严密的玻璃盒里，便于观察。

5. 后期保养

一般制作好的蛇骨骼标本可以存放数十年之久，但由于蛇类骨骼的结构较为细致复杂, 一旦沾染杂质比较难清理, 因此需要注意防尘。有条件的话, 可以把标本罩在特定的玻璃容器内。要在柜内放置樟脑和变色硅胶, 防止潮湿和虫蛀。对于脱脂不够彻底, 存放数年后出现走油、霉变现象的标本, 可用毛笔蘸取四氯化碳等有机溶剂重新刷洗。另外, 防潮药剂、防蛀药剂要定期更换。

7.2.4 真空冷冻干燥法制作蛇类标本

真空冷冻干燥法是将含水物质冻结成固态, 然后在低温、真空状态下使其中的水从固态升华成气态, 最终除去水分而保存物质的方法。这种方法的特点是干燥后体积、外形基本保持不变, 而且蛋白质也不会变性。具体制作方法如下所述。

(1) 用乙醚将蛇熏死后, 在其腹部距头部10cm、22cm、37cm处, 用解剖刀分别切开三个2cm长的矢状口, 用弯嘴镊子伸入切口掏取内脏, 用干净药棉吸取血水。

(2) 将蛇的第二、第三切口用502胶水黏合。

(3) 称取106硅橡胶250g, 按照配比加入催化剂和平联剂, 快速调匀, 用一次性塑料针筒抽取硅橡胶, 从蛇的第一切口处缓缓注入腹腔内, 反复抽取, 多次灌注。当106硅橡胶注满腹腔后, 迅速用502胶水将蛇腹部的注口黏合, 以防注入的胶体返流。

(4) 将蛇放在白色聚苯乙烯泡沫板(25cm×18cm×1cm)上面造型, 头部用白色泡沫板垫高, 蛇体周边用大头针固定, 使之达到设计的姿态, 再装上义眼。待硅橡胶凝固后, 把摆好造型的标本放入真空冷冻干燥设备中或冰箱冷冻室内冷冻(-17℃)。

(5) 打开真空冷冻干燥机, 将做好的蛇标本放置在干燥箱的搁板上, 开启机器。首先, 将蛇标本冷冻至-40℃后, 再将捕水器(吸收箱内水汽装置) 制冷至-50℃, 启动真空系统, 将干燥箱的压力降至30Pa, 2h; 将搁板的温度从-40℃升至-30℃为0.5h, 在-30℃保温4h; 升温至-20℃为0.5h, -20℃保温6h; 升至-10℃为 0.5h, 保温6h; 升温至 0℃为0.5h, 保温8h, 以上真空度控制在 30~40Pa。然后, 将搁板温度升至10℃为0.5h, 保温4h; 升至 20℃为0.5h, 保温4h; 真空度控制在40~50Pa; 从 20℃升至40℃为0.5h, 保温6h, 真空度控制在 60~70Pa, 最后关掉真空掺气阀, 使真空度抽至极限(≤1Pa), 维持4h。捕水器的温度始终保持在-65~-70℃。

(6) 取出标本, 在其表面喷洒适量的拟除虫菊酯类杀虫剂, 装盒保存。

第8章
小型哺乳类动物标本制作

多数哺乳动物是全身被毛、运动快速、恒温胎生、体内有膈的脊椎动物，因能通过乳腺分泌乳汁来给幼体哺乳而得名。哺乳动物分布于世界各地，有陆上、地下、水栖和空中飞翔等多种生活方式；营养方式有草食、肉食两种类型。鼠、兔是常见的小型哺乳动物，也是重要的实验动物，易于饲养和获得。本章将以鼠和家兔为例，介绍小型哺乳类动物的标本制作。

8.1   鼠类标本制作

8.1.1   鼠类剥制标本制作

鼠类易获得，价格便宜，是小型哺乳动物标本制作的理想材料。

1. 测量、记录

一般需要测量体长、尾长、耳长、后足长、肩高、颈长、胸围、颈围、前肢长等数据，记录性别、采集地点、采集日期等。标本制作前对动物进行拍照或录制视频，保留活体形态资料。

2. 处死

将小鼠放到标本缸中，滴入适量乙醚溶液，盖上盖子，使其麻醉致死。

3. 剥制

(1) 切腹。将标本仰卧在白搪瓷盘中，用棉花阻塞肛门及口腔，头向左，尾向右，用解剖刀在腹部中央往下切开外皮，到肛门为止，刀口长度以能取出躯体为度，不能无限制开口，以免为后期的缝合带来麻烦，影响标本美观。

(2) 剥后肢(见图8-1)。由切口两边小心地将皮肤与肌肉分开，慢慢将后肢胫骨推出切口，露出膝盖骨，在此处用骨剪切断。再将胫骨拉出，与皮肤分离，到足部为止，边剥边撒滑石粉，小心刮去胫骨上的肌肉。同样将另一后肢剥出。

(3) 剥尾(见图8-2)。割开肛门处的肌肉，用手捏紧尾基部的毛皮，另一只手将尾椎全部抽出。大鼠需在尾部切断取出尾椎；豚鼠需要在尾尖端剪断椎体。

(4) 剥前肢。沿腹面刀口两侧剥皮，用手指辅以用力，否则很容易切破腹腔或损坏皮肤。将躯干部分的皮翻转，露出肩部和前肢上半部，切断尺桡骨与肱骨的关节，先将前肢的皮肤翻出，除尽肢骨上的肌肉。用同样方法处理另一前肢。

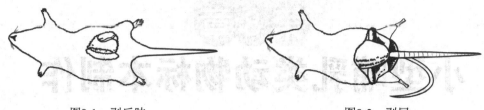

图8-1　剥后肢　　　　　　　　　　　　　　　图8-2　剥尾

(5) 剥头。由颈部剥向头部，小心地用刀紧贴头骨将耳道软骨割断，扯起眼眶上的皮，持刀沿眼眶向下贴眼球体剥离，取出眼球。剥到鼻前端和唇端为止，让皮与头骨相连，在头枕骨后缘处截断，用镊子缠绕脱脂棉插入枕骨大孔，取出脑组织。

鼠类剥制标本制作中，四肢及头截断位置如图8-3所示。

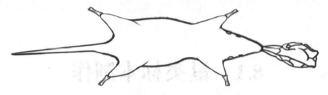

图8-3　四肢及头截断位置

4.防腐

依次用30%、75%乙醇加几滴甲醛浸泡皮毛；用硼酸防腐粉涂擦在皮内，特别是在足、耳、头、尾等处。

5.填充

(1) 固定头骨。头骨不取出，先在后肢的胫骨上用棉花缠绕填充，然后将其翻转复原，前肢采用同样的处理。将躯体仰卧伸直，量取头至腹部两倍长(不要太短，避免重新制作)的16号铅丝(直径1.65mm)，于中点处折转，使其呈镊子状，在折转处的端部嵌入少许棉花，然后把不连接的两端分别从两鼻孔中向后插入，由枕孔中穿出。在靠近枕孔处夹住铅丝，顺绞数圈，使头骨固定在铅丝上，避免头骨摇动，再用棉花充填颅腔，头骨后端的铅丝用棉花缠绕，粗细与原来颈项相等。眼眶中用棉花填满，以代替被挖去的眼球。两颊也填充棉花以代替刮去的肌肉，随即把头部翻转复原。

(2) 安装躯体支架。先将前肢向前伸直，后肢向后伸直，量取前肢至后肢的长度选取两条18号长度相当的铅丝。铅丝两端磨尖，从体内靠近后肢的后侧由缠绕的棉花中插入，由同侧的前肢脚底穿出；另一侧同理。再量取等于胸部至尾端长度的一条铅丝，其一端用棉花缠绕成略似原尾椎大小的形状，由尾部插入。最后，在胸、腹部中央，把头部、四肢和尾部所用的铅丝用绳紧扎在一起(见图8-4)。

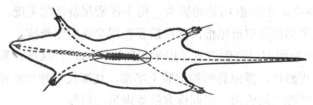

图8-4　躯体支架的安装

(3) 充填。先用镊子在支架背面的前后填一薄层棉花，再按头、颈、胸部周围及下颌顺序进行充填；然后，充填前肢和后肢及其周围；最后顺序充填尾部周围和胸、腹部至适当大小。注意充填物不能成圆团状，必须成条状地逐渐充填到体内。

6. 缝合

用医用缝合针线由腹部向胸部方向缝合，避免毛发压在线的下面。

7. 整形

首先，将标本摆成生活时的某一姿态；其次，选取一块适当大小的标本台板，在台板上量取与四肢掌心相应的位置，用钻头钻四个孔，将由四肢通出的铅丝插入孔中，铅丝下端弯曲成"L"状，以使四肢固定在标本台板的底面；再次，压实眼眶中的棉花，取一对义眼，嵌入眼眶内；最后，将标本置于通风处晾干。

8.1.2　鼠类干制标本制作

1. 处死

将小白鼠放到标本缸中，滴入适量乙醚溶液，盖上盖子，10min即可将小白鼠麻醉致死。

2. 注射防腐剂

防腐剂为7%福尔马林与5%硝酸钾混合溶液。把处死的小白鼠放入白搪瓷盘中，用注射器在两耳中间成 40°～50° 慢慢扎入枕骨大孔内注射防腐剂。胸腹腔注射防腐剂时，针头平行扎入皮内，注射器与胸腹腔成45°刺入，感觉针尖部分可以移动后，注射防腐剂。

3. 浸泡

将小白鼠完全浸入装有7%福尔马林与5%硝酸钾混合溶的标本缸中，浸泡5～7天。

4. 去除脏器及缝合

将浸泡过的小白鼠从防腐剂中取出，放到清水中洗去防腐剂，并用干净的滤纸吸去水分，置于搪瓷盘中，腹部纵切1cm的切口，用镊子挑出脏器，滤纸吸干体内液体，塞入脱脂棉，使身体显得丰满，缝合切口。

5. 整形

左手拇指和食指捏住小白鼠耳朵的基部，右手使耳缘向前，从中间对折，与左手紧挨着捏住耳朵的上部，两手用力捏住，反复拉扯，使耳朵恢复原形。用一个小木块或泡沫将小白鼠口腔撑开，待干燥后再去掉，方便以后观察牙齿。

6. 上台纸

经整形后的小白鼠，用白线按自然状态缝到台纸上，用红纸剪出两个椭圆形的小眼睛，粘到眼部，也可安装义眼。

7. 风干

将小白鼠放在通风处，经4～7天即能风干。

8.1.3 鼠类骨骼标本制作

1. 剥皮

小白鼠处死后，从颈椎前端至肛门开一直线，用手术刀从后向前的方向贴着皮与肌肉将皮剥开。按照小白鼠剥制标本的制作方法，将整个毛皮与躯体分离。

2. 去除脏器和肌肉

用镊子轻轻夹起小白鼠腹部肌肉，用剪刀剪开腹腔，取出内脏，接下来剔除背腹部大块肌肉和四肢肌肉，并注意保持软骨和韧带，避免将肋骨和剑状胸骨损坏。剔除眼球。将骨骼放入锅中加水煮，随时检查，以煮到附于骨骼表面的肌肉能用刀柄刮掉为宜，进一步剔除骨骼上的小块碎肉。

通常此步骤耗费时间较多，为了省时省事，可以采用虫蚀法(见图8-5)在1周的时间完成此步骤。虫蚀法的步骤是将去皮、去内脏后的躯体放入大小合适的烧杯中，如个体较大可放入盒中；在盒中放入交配后的麻蝇或丽蝇，让其在骨骼上产卵，卵孵化的幼虫取食骨骼上的肌肉，也可以直接在躯体上放置幼虫或用蚂蚁来去除骨骼上的肌肉。在烧杯或盒子上盖上玻璃，以便观察骨骼上肌肉去除程度。

图8-5　虫蚀法去肉

3. 固定

将处理好的骨骼转入无水乙醇中浸泡1天。

4. 脱脂

将骨骼放入丙酮溶液中2天，以除去脂肪并使骨骼更牢固。

5. 漂白

把骨骼浸入3%的过氧化氢中1天，至骨骼洁白后取出。

6. 整形装架

根据骨骼的形态和相互位置，用白胶黏合，大关节打孔，用细铜丝穿连。使用粗铅丝或硬纸板穿过骨架，固定在泡沫板上，头部用硬纸板支撑。用细铅丝或尼龙丝绑住头部、颈部、尾部的骨骼，防止滑落，自然晾干或用吹风机吹干，在韧带未完全干燥时再整理骨架一遍。将整姿后的骨骼标本固定在台板上，贴上标签，注明编号、学名、采集日期、采集地点、性别等。

8.1.4　鼠类骨骼双染标本制作

茜素红对已骨化骨骼的染色有较强的特异性，很容易将其显示成红色或紫红色。阿利新蓝可使软骨中硫酸软骨素、硫酸角质素等主要成分呈现蓝色。采用茜素红和阿利新蓝对骨骼标本进行双重染色，可直观地观察标本骨和软骨发育。

鼠类骨骼双染标本制作方法如下所述。

1. 取材

大白鼠孕期20天的胎鼠或成年小鼠。

2. 染色液和透明液的配制

(1) 茜素红染液：取乙酸5mL、甘油10mL、1%水合氯醛60mL，混合后加入适量茜素红粉末。边加边搅拌，直至饱和，作为母液，室温避光保存。取茜素红母液1mL，加入1%氢氧化钾溶液，定容至1000mL。

(2) 阿利新蓝染液：取150mg阿利新蓝染料，加入950mL75%乙醇，再加50mL乙酸，室温避光保存。

(3) 透明液Ⅰ：甘油20份、蒸馏水77份、2%氢氧化钾溶液3份混合。

(4) 透明液Ⅱ：甘油75份、蒸馏水25份混合。

(5) 保存液，即透明液Ⅲ：100%的甘油中加入适量的麝香草酚。

3. 处死

乙醚麻醉处死。

4. 剥皮

将胎鼠浸于70℃的水浴中30s，取出。如果来不及对标本进行剥皮处理，可先将标本浸过热水后暂时保存在75%乙醇中固定4～6h。剥皮时，用眼科小弯镊直接撕脱皮肤，尽量去除肩胛骨之间的脂肪组织，而剥除髋部肌肉时不宜剔得太干净，否则躯干骨会与后肢骨骼分离。保留踝关节和腕关节趾(指)部的皮肤、肢体末端指(趾)部的皮肤[在染色过程中，用液体冲洗标本时能自然地与趾(指)骨分离并脱落]。在剥离颈前和胸骨前面的皮肤和脂肪时，尽量将脂肪组织、气管、食管等剔除干净。

5. 去除内脏

先用眼科小弯镊从脐周撕开腹部皮肤及肌肉，去除腹腔脏器，然后将镊子尖端穿过膈伸入胸腔，将心肺与膈一起取出，不要扯断肋骨和胸骨。

6. 染色

剥皮后的标本放入装有阿利新蓝染液的烧杯中，染色期间摇动瓶子两三次，48～72h后用吸管将阿利新蓝染液吸出，换入茜素红染液染色2～8h。

7. 透明

当标本的骨和软骨着色良好后，吸出茜素红染液，加入透明液Ⅰ、Ⅱ，分别透明一两天。

8. 保存

透明后的标本保存于装有透明液Ⅲ的玻璃称量瓶或标本瓶中，每瓶1只标本。

8.2　家兔标本制作

8.2.1　家兔剥制标本制作

1. 处死

首先用空气针往家兔耳部静脉管注射空气，使家兔死亡；然后测量它的体重、体长、尾长、前后肢的长度，并作好记录。

2. 剥皮

先用水把家兔腹面的毛润湿，避免剥制时兔毛飞扬。然后，将兔体仰卧在解剖盘内，从肛门前下刀，不要切开肛门，沿腹部中线向前切至胸部，不要切破腹部肌肉，以免内脏出来，再由切口处向两侧将皮与肌肉分离。剥离到兔体的后半部，待露出后腿，在股骨和胫骨连接处剪断(见图8-6)。

剥离后肢两侧和尾基部的皮肤，在肛门口内侧切断直肠。露出尾椎基部，用手轻轻捻搓尾部，使皮与肌肉松动，然后用左手持起尾椎骨，右手拇指食指捏紧尾基部皮毛，逐步剥离尾椎(见图8-7)，不要用力过大，以免拉断尾椎。

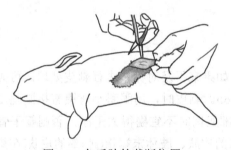

图8-6　兔后肢的截断位置　　　　图8-7　取出尾椎方法

然后把毛皮翻转过去，继续剥开兔体的前半部，至两前肢肩胛骨暴露后，在肩胛骨和肱骨之间截断(见图8-8)。

剥离至头部时，用解剖刀贴头骨将两耳道割断。向前再剥，就看见眼睑，眼睑具有两层皮：外面被毛的一层和里面黏膜的一层，这两层皮子要剥离。把眼睑提起用刀紧贴眼眶切开，露出两眼球，再继续剥至唇部，牙眼和嘴唇的外皮之间，有一层肌肉，剥皮时先把它用刀切开，然后再沿皮子里面把肉削薄。需要注意的是，当削到唇部胡须毛囊处，要留下毛囊，否则胡须会掉下来。剥至上下嘴唇前端为止，用骨剪在枕骨和颈椎连接处剪断(见图8-9)，挖出眼球，去除头骨肌肉、舌头和脑髓，去除四肢皮内骨骼上的肌肉。由于兔尾和头部的毛皮很薄易破裂，需要小心地撕剥。耳壳是由软骨和覆在软骨两面的皮子组成，可将软骨外面的一层皮子和耳壳软骨剥离，以便涂抹药物或加以支撑物。耳壳剥完后把耳根周围的肌肉和脂肪等软组织一起清理干净。最后，将皮肤上残留的肌肉和肛门、生殖器官周围的肌肉、脂肪等软组织全部清理干净。

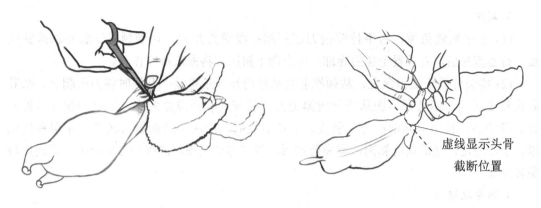

　　图8-8　截断前肢　　　　　　　　　　　　　图8-9　分离头骨

3.消毒

将明矾(需高温干燥脱水为白色粉末) 和樟脑粉按1∶1的比例混合，加入少量石膏粉搅拌均匀，涂擦在毛皮内的各个部分。

4.填充

兔皮消毒处理后，翻转过来，取比兔脊柱(尾长在内)长12～15cm的铅丝一根，比前后肢长12～15cm的铅丝两根，制作成如图8-10形状的支架。支架制成后，穿入兔皮内，根据兔子的一般形态，进行矫正。当然，支架也可做成类似于小白鼠剥制标本的结构，即取一根长铅丝贯穿头部、脊椎与尾部，两根铅丝分别连接左前肢和右后肢，右前肢和左后肢，将3根铅丝用细线缠绕固定。然后，往内部填塞棉花或竹丝，颈部和胸腹部按测量的尺码进行装填，否则影响美观，填塞完成后将切口用标本缝合针由里往外缝合。耳朵用两张硬纸片夹住，用曲别针上下固定，等干燥后去除硬纸片。最后，将标本固定在台板上，安装上义眼。

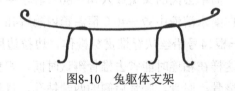

图8-10　兔躯体支架

5.贴标签

标本制成后，在标签上写上编号、学名、采集日期、采集地点、性别等。

8.2.2　家兔骨骼标本制作

1.选材

一般选择成年体瘦的兔子，体重2.5～3kg，这样的活体骨质坚硬，体内脂肪少，利于剔除肌肉、脱脂、漂白。

2.处死

耳静脉注入空气处死。

3. 剥皮

(1) 左手抓紧兔嘴，右手持解剖刀在颈部中段横向开刀，切断颈总动脉和总静脉放血，待血流尽后，右手置于兔的腹部，由上向下挤压，将尿液排出体外。

(2) 将兔仰放于工作台上，从颈椎前端至肛门开一条直线，开线时将刀刃朝上，贴着肌肉将皮挑开。四肢开口应从四肢内侧走刀，前肢到胸开口处为止，后肢到腹开口处为止。开线后，按由后向前的方向剥皮。剥离后肢后，用镊子或两根带棱的小木棍夹住尾椎，小心退出，然后向前剥离；剥完前肢后，将皮翻过头顶，向嘴的方向剥离，直到皮与躯体分离。

4. 剔除软组织

(1) 初步剔除。先用手术剪剪开腹肌，右手伸至心脏上方，由上而下将整个内脏取出，将头骨从第一颈椎处断开，连同肩胛骨卸下前肢，注意保存好游离的两根短小的锁骨，后肢在股骨与髋骨之间断开。

四肢卸下后，从骨盆处下刀，由后向前贴着骨头把脊椎上的肌肉剔除，到胸腔时，分别紧贴肋骨剔除。然后剔除四肢上的肌肉，连接各关节的韧带及软骨要保留，髌骨要带在胫骨上，便于装架和造型。最后清除头骨的肌肉、眼球和脑髓，由于头骨上的肌肉不易剔除，可以把头骨放在锅中加水煮沸1～2h，并随时检查，以煮到附于骨骼表面肌肉能用刀柄刮掉为宜，进一步剔除骨骼上剩肉和其他组织，以及颅骨内脑组织和舌。

剔除脊椎肌肉时，从颈椎开始要特别耐心，一点一点地将肌肉刮净，注意不要将相邻的两椎体间的椎间盘损害，同时避免将位于椎弓背面的棘突和椎弓两侧的横突剪坏。剔胸骨时，先用解剖剪刀剪去肋骨间的肌肉，并将肋软骨、肋骨、胸骨连接在一起。依次将腰椎、荐椎、尾椎剔干净后，将头骨和四肢也一次性剔除干净。

此外，为了省力，去除肌肉可以用虫蚀法(黄粉虫、鼠妇或蝇蛆啃食)或用蛋白酶法制作。蛋白酶法需将剥皮后、简单去肉的家兔放入70～80℃温水中加热3h，以使蛋白质变性易于分解，再放入0.3%蛋白酶水溶液中37～40℃恒温箱内酶解4h。

(2) 除去脊髓时，用一根14号铅丝从脊椎贯穿椎体，边拉边用流水冲洗。将整个脊椎骨按连接顺序用线串上，这样在粘连时能省去椎骨辨认时间，避免粘连顺序上的错误。用电钻分别在肱骨、尺骨、桡骨、股骨、胫骨后侧的两端钻孔，直达骨髓腔中，用注射器吸水将骨髓冲洗干净。

(3) 将剔净的头骨捆好放在胸腔里。把两根锁骨绑在肱骨上，四肢骨、尾椎、胸骨由于数目较多、较小，且不规则，易混淆，可用塑料纱网分别包上，以防丢失，方便粘连(注意不能用医用纱布，因为医用纱布在脱脂漂白过程中，易被氢氧化钠、过氧化氢腐蚀)。如发现有些骨骼上一些结缔组织难以剔除，继续水煮，直至将附在骨骼表面所有组织剔除干净。将水煮后骨骼暴晒一两天，使骨骼中脂肪蒸发出来。

5. 脱脂

将骨骼放入1%～1.5%氢氧化钠(或氢氧化钾)溶液2～4天，残留在骨骼上的肌肉膨胀成半透明状态，取出骨骼，放在清水中，待洗净药液后，再用解剖刀、剪刀把残留在骨骼上的肌肉耐心细致地剔除，并且不断用流水冲洗，直到完全剔除干净。将骨骼标本浸泡在汽油中进一步脱脂处理，浸泡时间为1个星期左右。

也可以将骨骼放入3%～5%氢氧化钠溶液浸泡2天，取出后用热水加洗衣粉洗刷，阴干。

6. 漂白

将骨骼放入5%～10%的双氧水浸泡漂白3～5天，两天更换一次漂白液。取出后用清水洗净，晒干。

7. 骨骼粘连、装架和整形

将经过漂白的骨骼整理成适当的姿态，用纸团或塑料泡沫等垫在胸腔和肋骨等处(防止骨骼变形)，放在阳光下晾晒，随时观察韧带是否完全干燥，注意保持四肢和脊椎的弯曲度。脊柱是兔全身的中轴，在粘连时一定要保持脊柱横轴方向成一条线，否则安装上的四肢因不平衡而不能站立。在纵轴方向脊柱为曲线，寰椎和第4腰椎为最高点，第1胸椎和荐椎为最低点。然后取一根18号铅丝，缠少许脱脂棉，刷一层乳胶，从寰椎脊髓腔中插入，沿颈椎、胸椎插至荐椎，颈椎前要留出4～5cm的铅丝(尽量长些，如多余可剪掉)以固定头骨。剪一条与尾椎同宽的硬纸片，依自然状态向上弯曲，托住尾椎，用细线和荐椎相连。

在粘连前肢骨时，由于兔锁骨已退化，肩带只有发达的肩胛骨，肩胛骨与肱骨，肱骨与尺桡骨粘连时成一定角度。兔腕骨有9枚，且较小不规则，粘连时比较困难，先找出与尺骨、桡骨远端形成关节的腕骨，粘连后，根据不同腕骨间不同的关节，将其他7枚腕骨粘连起来，使9枚腕骨形成一个关节面，与掌骨形成关节。兔掌骨5枚，第1掌骨最短，第3掌骨最长，根据掌骨长短和掌骨近端之间不同的关节，能比较容易地将5枚掌骨粘连起来，再粘连上指骨，最后与腕骨相粘。然后在前肢肩胛骨上的网下窝位置，钻1个小孔，用细铜丝或尼龙丝，将其固定在第7肋骨上(见图8-11)，肩胛骨与第2、3、4肋骨粘连，注意左右对称。

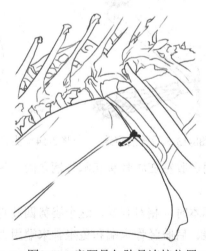

图8-11　肩胛骨与肋骨连接位置

通常，前肢用一段铅丝，由第7颈椎侧面的孔中穿出，横穿过颈椎，然后铅丝的两端分别由两肱骨头附近的结节间沟的钻孔处穿至肱骨下端，而后由后侧的肘窝伸出。肱骨头与颈椎间应保持1～5cm的距离，再将两端的铅丝附在尺骨和桡骨的后侧，将前肢弯曲成适当的曲度,并调整好姿态。前肢的穿联如图8-12所示。

在粘连后肢骨时,股骨与胫骨粘连时也应成一定角度。兔跗骨6枚,粘连起来比较麻烦,只能根据这6枚骨之间形成的不同关节,将这6枚跗骨粘连呈一个关节面,与4枚距骨形成关节,距骨、趾骨粘连参照掌骨和指骨。后肢髋骨与荐椎粘连,也可先将髋骨与荐椎粘连后,再与股骨粘连,同样,必须注意后肢对称。最后粘连上尾椎。如果后肢股骨头和髋臼关节韧带完好无损,可以不必将股骨头上的铅丝穿过骨盆,涂上白胶粘连即可;如果韧带已经损坏,必须将两个后肢从髋关节中卸下,并在髋臼窝、股骨突上钻孔,股骨中的铅丝由髋臼窝中的钻孔通过骨盆后,再穿过另一肢骨中。取一段16号铅丝,缠少许脱脂棉,刷一层乳胶,从胫骨下端所钻的孔中穿入(可利用清除骨髓时所钻的孔)通过骨腔和胫股关节,再由股骨中穿至股骨上端。胫骨的下端需留5cm长的铅丝,以便后续固定标本。另一肢也可以做同样处理。后肢的穿联如图8-13所示。

头骨只有1对鼻骨、1对下颌骨、1对颞骨、枕骨和头颅是分开的,只要将这些骨按其原来的位置粘连上就行,组装头骨时,按照图8-14所示,用一细铜丝穿过上颌骨的开孔及下颌骨齿后的空隙,使上、下颌骨颌相连。把颈椎前端留出的铅丝端部向前弯曲,绕上脱脂棉,刷一层乳胶,插入头骨孔中,使其头骨和颈椎相连。最后检查骨骼是否有损坏和遗失情况。如果牙齿等骨骼已经损坏和脱落,可用胶粘上。再把四肢长骨关节整理成适当的曲度,并调整好脊柱的姿态,再用大头针(尖端剪去一半)将前后肢的指骨、趾骨、腕骨和掌骨固定在标本台板上。最后用铅丝或尼龙线穿过寰椎和枕髁,将其扎紧。

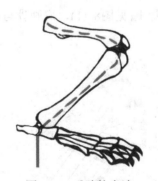

图8-12　前肢的穿连　　　图8-13　后肢的穿连　　　图8-14　头骨腹面示上、下颌骨连接方法

最后,将一对锁骨分别用白胶粘在肱骨头和胸骨柄之间。为了方便,也可将锁骨用细铜丝固定在头骨下方的台板上。

在作伏地姿态的兔骨骼标本时,相对容易,这个姿势四肢骨承受重量最小,无须过多的穿线,只需将前肢尺骨末端、后肢胫骨末端和兔坐骨末端用大头针固定在台板上,前后肢各关节处用白胶粘牢,也可根据需要在股骨头和胫骨头,肱骨头和尺骨头钻孔,用尼龙丝或细铜丝连接固定,后肢用白胶粘贴固定于髋臼。将在第7颈椎下方支起一铁棍,以便支撑头骨,用尼龙丝穿过铁棍端部圆孔缠绕颈椎固定,铁棍下端穿过台板成"L"状固定。兔整体骨骼标本如图8-15所示。

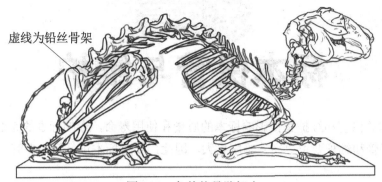

虚线为铅丝骨架

图8-15　兔整体骨骼标本

8.2.3　家兔灌注标本制作

1. 器具

解剖器械(刀、剪、镊)、止血钳、结扎线、纱布、水浴锅、烧杯、输液管2根、注射器。

2. 选材与处理

健康成年家兔1只。在做标本前1天，家兔禁止取食，只满足饮水需求，便于放血和防止死后发生胃肠膨气，影响灌注效果。

3. 麻醉

禁食后称重，在颈部肌肉注射速眠新0.1mL/kg麻醉，将麻醉后的家兔仰卧固定于手术台上。

4. 动脉放血

采取头低尾高的姿势放血，以利于血液流出。先在颈部切开，分离出一侧的颈静脉和颈内动脉3～5cm，在颈静脉和颈内动脉上均做"V"字形切口，近心端插入可以连接注射器的细胶管3～5cm深，并固定于血管内，动脉引流放血。

5. 灌注

用注射器向颈静脉内注入37℃生理盐水50～100mL，以冲去残血，直至流出清澈如水的液体为止，随后用注射器分别抽取50mL红色灌注液(将15g红色油画染料溶解于20mL的丙酮溶剂中，再加入38%～40%福尔马林溶液15mL和苯酚5g，加热搅拌混匀)和蓝色灌注液(量取30mL的蓝色墨水与20mL的38%～40%福尔马林溶液和5g苯酚混匀)，分别灌注于颈内动脉和颈静脉，之后结扎手术切口。灌注后的兔子用塑料袋密封保存。

6. 解剖与保存

室温放置1周后的家兔做进一步的局部或全部的解剖，沿正中矢状面腹侧切口向两侧剥皮，到四肢处时则沿四肢内侧切开，见皮下血管颜色为蓝色，为浅表静脉血管。做腹壁正中切口，依次打开胸腔、腹腔，暴露胸腹腔内的组织器官，可见胸腔内肺脏有红色固定液的沉着期间夹杂蓝色，为肺小叶间动脉和静脉的分支。暴露腹腔内器官，可见实质性内脏器如肝脏、脾脏。最后将标本浸泡于福尔马林中长期保存。

标本保管与维护

生物标本的保管和维护直接影响标本的质量和使用寿命，影响标本的完好率。标本比一般仪器的保管和维护要求更高、难度更大，因此，要对标本进行精心保管，及时维护。

9.1 标本室、橱柜的选择

标本室是陈列、存放标本的场所，要选择干燥通风的房间。标本室要挂有遮光窗帘或双层窗帘(外黑里红)，以防止潮气的侵入和阳光直接照射，避免标本受潮或光照引起的霉变和褪色现象。浸制标本和剥制标本不宜同室存放。

动物标本存放在玻璃橱中。玻璃橱三面玻璃、一面木板，一般高240cm，宽120~150cm、深60~75cm。橱中用6mm厚的玻璃做搁板，橱内装有日光灯，便于观察和查找标本。

蜡叶植物标本存放在木制橱柜中。木橱两扇门，里面分左、中、右三格，每格宽约30cm，内有活动横板约12个。

种子存放在木制或铁制橱柜中。种子柜易于搬动，可分离为上、下两节，每节4排，每排10个抽屉。每节柜设两扇门，门缝要严密，防止昆虫或灰尘落入。门外侧镶有卡片，标明每排标本的起止字母。

昆虫干制标本需存放在标本盒内，并放入专用标本柜保藏。浸制标本可放入4℃冰箱低温保存。

9.2 标本的防护

标本分腊叶标本、浸制标本、剥制标本、骨骼标本、玻片标本、昆虫类标本等，各类标本的存放需要的条件不同，要分开陈列存放，并要做好以下防护工作。

1. 防尘

直接暴露的标本应加上防尘罩，有了灰尘时，要用鸡毛掸拂拭，标本深凹处要用洗耳球吹尘，切勿用湿布擦拭。

2. 防潮

昆虫类标本、腊叶标本、剥制标本、骨骼标本等易受潮霉变，需要干燥保存，因此，应在室内放些生石灰，在盒内或存放柜中放干燥剂，并定期检查，及时更换。

3.防虫

动物剥制标本、昆虫类标本、腊叶标本等易遭受虫害侵蚀。常见的害虫有赤斑皮蠹、小圆皮蠹、日本皮蠹等幼虫，危害期在 3~10月。因此，必须在存放的标本柜中放置樟脑丸等杀虫药物，防止虫蛀。有条件的标本室应定期用驱虫药物熏蒸。下面介绍三种熏蒸的方法。

(1) 甲醛原液10~20mL放入培养皿中，放置于密封的标本橱内，再加入高锰酸钾15g，立即关好橱门，用透明胶带封密标本橱缝隙。数日后启封，开窗通气。这样做的目的主要在于通过薰蒸杀死附在标本皮毛内的各种危害幼虫及虫卵，定期杀死引起脱毛霉变的各种虫害及细菌。

(2) 取10g升华硫，把其装入培养皿中，放置于宽大的橱柜内，点燃，进行熏烟。硫升华不仅不会使标本褪色，还能使标本鲜亮起来。若标本表面出现虫蛀痕迹，用软毛刷清扫，并用清漆刷抹一遍。

(3) 取30mL甲醛原液倒入烧杯，烧杯置于放有石棉网的三脚架上，三脚架下放置带有少量乙醇的酒精灯，点燃酒精灯，酒精灯自行熄灭，熏蒸完毕。

4.防腐

浸制标本要密封保存，要全部浸泡在保存液中，如果发现保存液混浊，要及时更换。腊叶标本在较密封的标本盒内保存，标本盒要保持干燥，防止腐烂。

5.防褪色

各类标本都不可摆放在阳光直射的地方，以免加速褪色。

此外，春夏两季温度高、湿度大，虫类、微生物活动繁盛，所以春夏雨季是标本保养的关键时期，应加强防护；而严冬时，需要注意室内温度，防止浸制标本的冻裂。

9.3　标本的修复

各类标本保存时间长了或保存和使用不当必然会出现破损，应及时翻新、修补，以免严重损坏后无法修复。

9.3.1　剥制标本的修复翻新

由于受到自然环境等条件的制约，剥制标本不可避免地受到磨损或破坏，常出现缝合处开裂、局部掉毛、跗趾部干裂或虫蛀等问题。因此，需要对陈旧、破损的剥制标本进行修复翻新。

1.鸟类剥制标本修复

(1) 缝合处开裂的修复。假体缝合线过松、充填过多或充填材料选择不当，易造成缝合处开裂，因此，要对缝合处进行局部回软。回软液由水、盐、软皂、乙醇按照10:1:10:1的比例配制，加入甲酸，调pH为3.5。开裂处抹加软液回软后，剪断并抽出缝合线，减少或更换充填物，重新缝合。缝合的针脚要松紧适宜，过松易造成开裂，过紧则会造成豁线。

(2) 局部掉毛的修复。掉毛多由虫蛀引起。在掉毛处注入防虫剂、防腐剂。具体方法有两种，一种是按照羽毛、羽根的走向钻孔，将替代羽毛涂上乳胶后插入孔中，并逐层加密，直至完全覆盖；另一种是用颜色相同的皮羽在脱毛处进行剪贴置换。

(3) 跗趾部干裂或虫蛀的修复。鸟类剥制标本跗趾部干裂时，首先要对跗趾进行局部回软，把跗趾置于75%的乙醇中浸泡20min，晒干后在跗趾皮张内侧涂刷甘油，最后缝合或用502胶黏合。

对于单纯的跗趾虫蛀，首先用注射器局部注射拟除虫菊酯类杀虫剂，注射后用手顺着跗趾来回捏合、按摩，最后用紫外灯进行灭菌处理。

2. 鸟类剥制标本翻新

首先进行初步软化松弛处理。将水、盐、软皂、乙醇按照10:1:10:1的比例配制成的浸泡溶剂，加入甲酸，调pH为3.5。用棉花蘸上溶剂，制成饱和棉条，将棉条包裹在鸟的腿、跗趾、翅膀和头部，然后用薄塑料包裹住这些部位，防止溶液流失和挥发。8~10h后，取下塑料及棉条，检查各部位的柔软度和灵活度。如果柔软度和灵活度不够理想，继续回软。各部位的回软时间因面积大小、溶剂及室内温度、皮张情况等有所不同。待这些部位变得柔软之后，通过这些部位，向标本体内注射一些浸泡溶液，进一步软化松弛标本。注射后，这些部位会因流入溶液而膨胀起来，肢体关节也因软化变得灵活。

当皮羽变软时，原有的缝合线显露出来，剪开缝合线，取出充填材料和支撑材料，简单清理后，将整个皮羽浸泡在回软溶液中。浸泡时间可根据室内温度确定，温度高时，浸泡时间缩短；温度低时，浸泡时间适当延长。对于初步软化松弛处理的皮羽，首先要清理附着在皮张上肌肉、筋腱等，然后放入清水中漂洗，反复进行几次。

对于油脂类的污染，可用无酶洗衣粉和洗净剂(1:1)的混合液进行局部反复擦洗，再用清水擦洗干净。如果是白色羽毛的污渍，可用双氧水(2%~5%)再次清洗、漂白，然后用吹风机以低档中温慢慢地吹松、吹干羽毛。如果是灰尘积淀污染，先用干刷或干脱脂棉顺着羽毛方向轻轻刷拂，去掉浮尘，然后用浸过乙醇的潮湿脱脂棉轻轻擦拭，由前向后，顺序进行。

将经过清水漂洗后沥干水分的皮羽放在溶液中，按照步骤依次进行洗涤，达到清洁、防虫、去脂的目的。第一步，在温和的、白色的肥皂液(洗衣粉、洗洁剂)中清洗和漂洗两三次。第二步，在36%的乙酸溶液中浸泡、清洗10分钟。第三步，在10%的甲醇溶液中浸泡、清洗5分钟。当皮羽从最后的溶液中取出时，可用干净的吸水布或纸巾包裹、覆盖，吸收溶液残留，再将吹风机调至中温档次，吹松羽毛，使所有绒毛蓬松干燥，形成一个整洁、干净的容貌。

之后，检查皮张完整状况和自身弹性，对破损和撕裂的地方进行缝合。同时，根据皮张自身的弹性，确定假体尺寸的大小、肥瘦与形态造型，选择适用的支撑铅丝并制作假体。因为陈旧的皮张不具有新鲜皮张的弹性和延展性，其所承受的压力及拉力也相对减弱，因此要避免过分操作。

　　制作使用的假体要与标本形态、皮张适合，减少掉毛损坏和过度拉抽。对某些局部的皮张还要进行再次软化处理，例如眼睑、翅膀、跗趾关节等部分，可用软刷蘸取液体肥皂水或甘油涂刷于皮张的内侧。肥皂水或甘油起到润湿剂的功效，使水分充分地被皮张吸收，保证皮张的柔和松软。然后使用粗细适合、软硬适中的铅丝，穿连腿部、翅膀和颈部，使之固定在假体的相应部位上。将皮张覆在假体上时，局部可用昆虫针或乳胶把皮张固定在假体上，使调整羽毛和整理姿态能够顺利进行，达到预期的效果。

　　在晒干的过程中进行外部整形，准确地安装义眼，对有冠、肉垂的鸟类，用医用牙托粉进行翻制，跗趾部位用玻璃胶灌注充填。

　　其他剥制动物的修复翻新可参考此方法。

9.3.2　昆虫标本的修复

1. 检查标本受损情况

　　对标本盒内的标本进行全面检查，根据发霉情况进行统计，并分出标本的大小型号，大型是指成虫体长≥30mm或翅展≥45mm；中型指 10mm≤体长＜30mm或10mm＜翅展＜45mm；小型是指体长＜10mm或翅展＜10mm。

　　将标本盒有虫蛀的标本及毁坏标本(掉触角、掉足、头胸腹分离的)，根据虫体的大小统计区分，分别等待杀虫、修复。

2. 破损标本修复

　　昆虫标本最易损坏折断的部位是触角及足，折断后要立即捡起黏合，复原。捡拾时千万不能用手直接去拿，以防再次折断。先用小镊子夹起或用小毛笔托住，再用拨针尖端蘸点胶水，轻涂在断裂的一端，使其按原来部位和形状对接。如果标本翅膜破裂，千万不要放置不管，任其继续扩大裂痕，可用韧性较强的纸片，剪成适当大小，涂上胶液贴敷在翅的腹面，并用虫针交叉支撑，待其干固后，即可取下；如果标本头部、腹部断掉或整个翅膀从基部折断，也要用同样方法粘好。

3. 标本烘干

　　把受潮发霉和拼接好的标本一起放到烘干箱内，根据虫体的大小，进行烘干处理。烘干温度和时间分别为大型标本 50℃、4h；中型标本 45℃、3h；小型标本40℃、2h。

4. 标本清理

　　烘干后的标本，按标本的大小和昆虫虫体外骨骼的特性，先大、后小，先易、后难进行整理，整理次序为鞘翅目、半翅目、同翅目、长翅目、蜻蜓目、脉翅目、鳞翅目。用细软的毛刷轻轻刷去标本正面上和腹面及附肢的灰尘和霉菌。对于鞘翅目、半翅目、同翅目、长翅目的标本，如果灰尘和霉菌太多，不易刷掉时，用小板刷蘸取75%乙醇，轻轻擦洗，直至鞘翅干净。用毛刷轻轻刷去标本盒里的虫粪、杂物、菌丝，再用吹风机吹净。

5. 杀虫防霉处理

要对整姿的标本(鞘翅目、半翅目、同翅目、长翅目)和翅展标本(蜻蜓目、脉翅目、鳞翅目)进行杀虫和防霉处理。用滴管吸入75%无水乙醇，滴入整姿虫体及翅展的头胸腹，杀死标本体内各虫态(成虫、卵、幼虫、蛹)。24h后，把标本放入新标本盒内(4～6盒为1组)，标本盒斜立，用手持喷雾器喷入福尔马林，对标本盒内标本进行喷雾后扣好盒盖，进行防霉处理。10min内把标本盒放入恒温箱内进行干燥处理。处理温度和时间分别为大型标本40℃、5h；中型标本 40℃、4h；小型标本为40℃、3h。

需要注意的是，修复、药剂处理时要戴橡皮手套和防尘口罩，事后洗脸洗手，应在标签上注明杀虫药剂，以防中毒。

9.3.3　浸制标本的修复

对于浸制标本，要及时根据浸泡标本的挥发情况添加药液，避免因药液的挥发而使标本受到损害。如果浸泡液变色或出现混浊，应及时更换；如果捆绑标本线绳的断裂或松弛，可将标本取出，用新线绳重新绑定。处理完毕，用石蜡封口，并在封口处用热石蜡补封一次，涂匀，涂平。为了复查瓶口是否封严，可将瓶体稍作倾斜，如在封口处发现有浸液外溢，即表示封闭不严，应立即查明原因，采取补救措施。为了使瓶口封装更严，可在已经蜡封的瓶塞处蒙上一小块纱布，并再均匀涂上一层热蜡。

由于作为保存液的药品多具有腐蚀性，标本在保存液中浸渍后，质地变得很脆弱，特别是植物标本的花和叶子、昆虫的足很容易脱落，所以，制好后的浸渍标本应尽量避免反复移动或强烈震动。

9.3.4　骨骼标本的修整

骨骼标本有时会出现反油、发霉等现象，主要是因为标本脱脂不充分。在修整骨骼标本时，可将标本在氨水溶液中浸泡两三天，依照骨骼的大小适当调节浓度和浸泡时间，脱脂后用水冲洗干净，晾干。

骨骼标本发黄时，可用 2%～3% 的过氧化氢溶液处理。

骨骼散落时，应及时用金属丝连接，细小骨骼可用502胶水等粘连。

9.3.5　干制标本的修整

腊叶标本在霉菌和害虫容易繁殖的季节都要进行抽查，发现霉迹、虫类或虫蛀现象及时处理，可放在通风干燥场所整理，但不宜摊在烈日下暴晒，以免枝叶卷起折断。标本有少量发霉，可用毛笔拂刷或蘸取防腐杀菌液洗刷；虫蛀的标本可取出修剪或更换，并要找出害虫并杀死，如损害严重要用敌百虫、CO_2 等进行喷杀或熏杀，使用这些药品时要注意安全。有些标本由于摩擦、堆压出现枝叶不平服时，可喷洒少量的水，使其逐渐湿润软化，再烫平、烫干。

对于唇形科、樟科、芸香科、十字花科等科的种子，长期保存时的渗出物或挥发物会使瓶壁模糊，需要及时换瓶或用有机溶剂擦拭瓶壁，以保持透明度。种子干制标本每年需要-20℃低温冷冻杀虫24h以上。

其目的在于，防止寄生虫残留组织，以及从皮肉上取下，并用固定液固定保存；干制标本处理；用药物处理，晒干或烘干后，制成标本。

制作标本。在浸入固定液后，标本应置于干燥及通风良好的环境中保存，置暗处保存或干燥处保存，以免30℃以上发生变质。

参考文献

[1] 白凤熙. 鱼透明骨骼标本的制作方法[J]. 科技信息，2012(2)：128-128.

[2] 曾剑超，蒋其斌，张卫佳. 冻干鲜花品质影响因素的研究[J]. 制冷学报，2007，28(5)：49-52.

[3] 陈晓澄，胡延萍，李文靖. 一种简便制作小型鱼类形态标本的方法[J]. 动物学杂志，2013，48(3)：363-366.

[4] 鲍方印，刘昌利. 生物标本制作[M]. 安徽：合肥工业大学出版社，2008.

[5] 陈志，曾照芳，杜晓兰，陈林. 制作小鼠骨骼标本的新方法[J]. 第三军医大学学报，2006，28(33)：2390.

[6] 董代辉，唐安科. 聚乙烯吡咯烷酮制作鱼类透明骨骼标本[J]. 生物学通报，2010，45(1)：45.

[7] 段艳红. 鸟类骨骼标本制作[J]. 生物学通报，1997，32(1)：42.

[8] 冯典兴，关明慧，贾志红，等. 蛆症异蚤蝇幼期石蜡切片的制备[J]. 沈阳大学学报(自然科学版)，2017，29(3)：189-191.

[9] 富国明，林常松，段志勇，马长军. 发霉与虫蛀昆虫标本的修复及除害处理方法研究[J]. 河北林业科技，2015(5)：48.

[10] 顾勇，刘金贵. 家鸽骨骼标本的制作[J]. 生物学通报，2014，49(11)：49-50.

[11] 郭郛，忻六介. 昆虫学实验技术[M]. 北京：科学出版社，1988.

[12] 何秀芬. 干燥花采集制作原理与技术[M]. 北京：中国农业大学出版社，1993.

[13] 黄子荣. 一种无支撑家禽骨骼标本制作的简易方法[J]. 江苏农学院学报，1985，6(3)：55-57.

[14] 集体. 蛇类浸制标本、剥制标本和骨骼标本的制作方法[J]. 蛇志，1991，3(4)：53-55.

[15] 金志良. 贝类标本的制作[J]. 四川动物，1982(1)：30-34.

[16] 姜良树. 生物标本的保养和维护[J]. 生物学通报，2001，36(7)：35.

[17] 姜长阳，聂晶. 小白鼠干制标本的制作[J]. 实验教学与仪器，1995(3)：32.

[18] 蒋孝东，白勇. 家鸽铸型透明塑化标本的制作[J]. 医学信息，2014，27(7)：457.

[19] 李大建，江智华. 用聚氨酯泡沫塑料为假体制作鸟类姿态标本[J]. 生物学通报，2013，48(4)：41-43.

[20] 李大建，江智华. 用土豆粉吸附鸟类和小型兽类标本剥制中的残污[J]. 动物学杂志，2009，44(1)：147.

[21] 李典友，高本刚. 生物标本采集与制作[M]. 北京：化学工业出版社，2016.

[22] 李冬玲. 两栖类动物骨骼标本的简易制作[J]. 生物学通报，2005，40(10)：44-45.

[23] 梁玉实，王冠. 鸟类剥制标本的翻新与修复[J]. 特种经济动植物，2008，(7)：53-54.

[24] 刘春悦，杨敏，赵立琴，刘继哲. 用虫蚀法制作青蛙(蟾蜍)骨骼标本[J]. 生物学通报，1998，33(5)：48.

[25] 刘福林，李淑萍. 昆虫琥珀标本制作的改进方法[J]. 生物学教学，2007，32(3)：55-56.

[26] 刘广纯. 中国蚤蝇分类[M]. 沈阳：东北大学出版社，2001.

[27] 刘国跃. 巴西龟标本皮肤腹剥法[J]. 养殖与饲料，2016(8)：14-16.

[28] 刘吉庆. 蛇类标本的剥制方法[J]. 生物学通报，1996，31(11)：14.

[29] 刘济滨，张良慧. 蛙附韧带骨骼标本的制作[J]. 生物学通报，2005，40(10)：39.

[30] 刘杰，姜玉英，赵友文，等. 昆虫标本的采集处理和微距摄影技术[J]. 农业工程，2015，5(4)：146-149.

[31] 刘若庸. 多色杀生固定法对保持中药原植物色泽的实验研究[J]. 河南中医学院学报，2003，18(107)：15-17.

[32] 刘长江. 种子的形态鉴定[J]. 种子，1989(4)：47-49.

[33] 陆琳，苏艳，张颢，等. 干花制作工艺与保存方法综述[J]. 中国农学通报，2008，24(10)：369-372.

[34] 吕颜枝，王兵，朱广琴，等. 家兔灌注标本的制作[J]. 上海畜牧兽医通讯，2014(4)：50-51.

[35] 穆培刚，肖方. 鸟类标本的剥制方法[J]. 动物学杂志，1985(4)：24-27.

[36] 青梅. 药用植物学实验[M]. 北京：北京大学医学出版社，2011.

[37] 施勇，肖文清，沈卫东，等. 水生动物硅胶塑化标本制作方法的探讨[J]. 中国兽医杂志，2016，52(5)：92-93.

[38] 司强，周迪勤. 昆虫标本安全快速干燥法[J]. 昆虫知识，2001，38(2)：148-149.

[39] 苏立新. 小粪蝇[M]. 沈阳：辽宁大学出版社，2011.

[40] 孙恒臣. 淡水鱼类浸制标本制作技术[J]. 现代农业科技，2015(15)：274.

[41] 王继芳，周凡，曹荣峰. 整体显示小鼠骨骼标本的制作试验[J]. 中国农学通报，2009，25(13)：10-13.

[42] 王新乐. 蛙色剂注射解剖标本的制作[J]. 教学仪器与实验，1991，7(4)：25-29.

[43] 王学民. 用缩丁醛树脂法制备蟾蜍骨骼标本[J]. 生物学通报，1987(1)：8.

[44] 肖芳，林峻，李迪强，等. 野生动植物标本制作[M]. 2版. 北京：科学出版社，2014.

[45] 剡海阔，范小龙，梁梓森，等. 龟类剥制标本的制作[J]. 中国兽医杂志，2010，46(9)：21-22.

[46] 叶水英. 植物标本的采集和制作[J]. 教学仪器与实验，2007，23(7)：32-34.

[47] 余智勇. 人工"琥珀"昆虫标本的制作方法[J]. 江苏农业科学，1999(5)：40-42.

[48] 俞仰青. 生物宏观标本制作[M]. 上海：上海出版社，1982.

[49] 张丹. 浅谈植物标本的制作与保存技术[J]. 吉林农业科技学院学报，2012，21(3)：60-62.

[50] 张富强，黄骥.用真空冷冻干燥法制作的蛇标本[J].动物学杂志，2008，43(6)：42.

[51] 张宏，李啸红.大鼠骨骼双染标本的制作方法[J].重庆医学，2012，41(2)：153-154，157.

[52] 张俊，杨子旺，葛海燕. 小型哺乳动物剥制标本技术初探[J]. 山东林业科技，2005(3)：52-53.

[53] 张子彬. 青蛙剥制标本的制作[J]. 实验教学与仪器，1994(12)：33.

[54] 赵惠燕.昆虫研究方法[M].北京：科学出版社，2010.

[55] 周银环，黄海立. 海洋经济生物标本的采集、制作和保存[J]. 河北渔业，2014(6)：66-70.

[56] 朱孝荣，袁红花.兔骨骼标本制作[J].上海实验动物科学，1998，18(1)：47-48.

附录A

标本制作常用工具、器材及用途

常用工具、器材	用途
0.4～1cm的橡皮板	能切割成中间有凹形槽的方形小块，便于嵌入玻璃板
3mm厚的玻璃板	插入标本瓶内，用于缚扎标本
GPS定位仪	用于确定经纬度等
背包及采集袋	装置采集工具及新鲜标本
标本缝合针	用于剥制标本的缝合
标本号牌	由2cm×1cm的硬纸制成，用来写采集号、采集人、采集日期，挂在标本之上
标本盒	用于保存针插干燥标本
标本夹	用木板条做成的长约45cm，宽约30cm的木制夹板，存放采集的标本，防止标本失水皱缩，适用于标本的集中压制
标本瓶、标本缸	盛放浸制标本
标本台板	用于固定标本，有长、方、圆等多种规格
标签及记录本	记录动物标本的编号、名称、各部位量度、性别、采集地点和日期等
玻璃棒	用于搅拌配制浸液和拨动浸液内的标本
玻璃缸	存放浸泡溶液的骨骼
草纸、报纸	压制标本时吸收植物水分
粗细绳子	粗绳用于捆压标本夹，细绳用于捆绑制作完成的标本
大头针、铁钉、回形针	用于标本不同部位、不同强度的固定、定形
电钻和钻头	在骨骼上钻孔，串装骨骼；在台板钻孔
钉锤	钉支架及台板等
放大镜	在野外采集标本时，观察植物特征
斧头、木锉和凿子	制作头骨模型和标本支架等
钢锯	用于锯断骨骼
各号针头	细的(6号针头)能插入蛙前肢枕动脉；粗的(9号针头)能插入家兔主动脉；中间还有7号、8号两种针头
骨锯	锯断骨骼
骨钳	解剖时除去硬骨
广口瓶	用于浸泡植物的花、果
还软器	用于还软虫体

常用工具、器材	用途
夹钳	用于捞取骨骼
解剖板	由PE板或304不锈钢制成，具有4个以上固定螺栓，是解剖标本时的手术台
解剖刀	剥皮剔肉；解剖器官、神经和血管
解剖剪	有圆头和尖头之分。圆头剪一般用于剪开、分离组织；尖头剪用于剪断较坚韧结构，如细小骨骼及关节肌腱、韧带、线、绳等
卡片纸	用于固定
昆虫针	一种特制的不锈钢针，根据针的粗细长短不同，分成00、0、1、2、3、4、5七种型号，起到固定昆虫标本的作用
量筒、量杯	配制防腐剂、保存液的容器
硫酸纸	用于标本展翅
毛笔、毛刷	用于在标本上涂刷防腐剂
木工刀	用于切割标本瓶内固定玻璃板的橡皮脚垫
尼龙丝、腈纶线	用于缝合标本
镊子	有三种类型：一种是普通医用镊子，用来夹取和固定细小的组织；一种是眼科医用弯形尖头小镊子，用于血管结扎时穿夹扎线；还有一种是医用长镊子，用来捞取材料
铅丝	穿连骨骼；制作标本支架，承受标本质量
铅丝钳	剪断铅丝和做骨架时使用
三级台	用于矫正昆虫针上昆虫和标签位置
塑料手套、乳胶手套	防止手部接触到化学药品，从而保护手部
探针	解剖时，分离器官和组织用
搪瓷盘或小搪瓷盒	可用作漂白液和浸液的盛器，也可用作解剖盘和注射器、针头的盛器
脱脂棉	用于填充标本和吸擦污血
洗瓶刷	用于洗刷标本瓶和量杯
细砂轮	用于磨尖铅丝
小纸袋	用于保存采集的种子，保存标本上脱落的花、果、叶
游标卡尺、卷尺，两脚规	测量动物身体各部位的长度
展翅板	用于伸展和固定昆虫的翅
战锹	用于挖掘植物的根、鳞茎、球茎、根状茎等地下部分，也可用于挖掘石缝中的植物
枝剪	用于剪断植物的枝条，通常有一般修枝剪和高枝剪(长柄修枝剪)两种
指北针	用于观察方向和坡向
指形管和标本架	用于保存浸制标本
竹绒	细刨木花，作为假体填充
注射器	注射防腐剂；清洗骨骼中的骨髓

附录B

标本制作常用药品及用途

常用药品	用途
阿利新蓝	一种水溶性氰化亚肽铜盐，可使软骨中硫酸软骨素、硫酸角质素等主要成分呈现蓝色
百里酚	防霉剂、防腐剂
变性硅胶	用于干燥植物和昆虫标本
丙酮	骨骼标本脱脂
纯汽油	无色或淡黄色的溶剂，易燃，易挥发，用于骨骼标本脱脂
粗盐	用于保存紫色浸渍标本；用来调节溶液的渗透压，防止果实爆裂，使用浓度一般为15%～17%，浓度太大会使果皮皱缩，浓度太小又会使果皮涨裂
乙酸	具有强穿透力，而且会使材料膨胀，可以用来抵消其他固定液造成的收缩。在浸渍标本中，主要与乙酸铜混合使用，保存绿色标本
乙酸钠	用于配制内脏色泽的固定液
二甲苯	无色易燃液体，不溶于水，常用作溶剂，用于骨骼标本脱脂；昆虫标本透明
福尔马林	40%甲醛，是一种无色、有刺激性气味的液体。它能使蛋白质凝固变性，而达到杀菌目的，是效率很高的消毒剂，也是生物标本常用的防腐剂
甘油	用于配制防腐剂；增加浸渍标本的光泽，防止果实爆裂；保存透明骨骼标本
过氧化钠	淡黄色的粉末，溶于水后产生氧气，溶于稀酸生成过氧化氢，具有强氧化性。用于骨骼标本的漂白；用于标本消毒
过氧化氢	又称双氧水，是强氧化剂，能放出原子氧使标本漂白。浸泡时容器必须加盖，防止氧丢失
吉姆萨	染色体染色剂
聚乙二醇	PEG，是一种温和、无刺激性、难燃的高分子化合物，可完全溶于水和乙醇，在制作植物标本中，能起到防腐固定的作用
聚乙烯吡咯烷酮	PVP，为一种合成性的水溶性高分子化合物，可起到胶体保护作用，具有成膜性、粘接性、吸湿性和生理相容性，用于标本的保存
硫酸铜、乙酸铜、氯化铜	均为含有铜离子的酸性物质，通常为带蓝绿色或深绿色的结晶体，能溶于水或有机溶剂，主要是用来保存绿色标本
氯仿	麻醉动物；骨骼标本脱脂
氯化钾	低渗剂
氯化锌	白色粉末，易吸水潮解，在保存液中加入氯化锌，有助于保持标本的红色和白色
明矾	无色透明的晶体，有酸味，溶于水，具有防腐的作用，能吸收皮肤水分，需研磨成粉末使用；用于保存紫色植物浸渍标本

(续表)

常用药品	用途
明胶	用于染色体染色
萘	用于驱虫防蛀
硼酸	白色片状晶体，稍溶于水，无毒性，可用作防腐剂；在浸渍植物标本中有助于保持标本的红色和紫色
茜素红	橙黄色或黄棕色粉末；易溶于水，微溶于乙醇，不溶于苯和氯仿；对已骨化骨骼的染色有较强的特异性，很容易将其显示成红色或紫红色，是制作透明骨骼标本最主要的染色剂
氢氧化钡	用于染色体C带处理
氢氧化钾	白色固体，是一种强碱，易潮解，具有强腐蚀性，具有一定的脱脂作用
氢氧化钠	白色固体，是一种强碱，易潮解，具有强腐蚀性，具有一定的脱脂作用。一般常用0.5%～2%的溶液作为骨骼标本的腐蚀剂；腐蚀叶肉
乳白胶、502胶	用作胶粘剂，粘连骨骼
三氧化二砷	砒霜，为灰色粉末，剧毒，具有防腐功能，手上有创伤时不宜使用。使用时要戴口罩，用后严加保管，不要随处乱放，避免发生事故
麝香草酚	白色晶体或粉末，带有一种辛辣气味，具有防腐作用
石膏粉、土豆粉	剥皮时减少油污对羽毛的污染
石蜡、蜂蜡	熔点低，凝固点高，用于标本瓶封口；增加标本光泽
石炭酸	苯酚，是一种防腐剂
四氯化碳	毒杀昆虫；用于骨骼标本脱脂
碳酸钠	制作叶脉标本时腐蚀叶肉
硝酸钾	用作配制固定液，有固定内脏色泽的作用
硝酸银	用于染色体染色
亚硫酸	无色透明，具有刺激性气味，容易被氧化而生成硫酸。它具有较强的防腐作用，而且清晰度好，是一种较好的保存液。在浸渍植物标本中，它不仅起防腐作用，还有助于保持黄色和红色标本。亚硫酸还具有软化浸渍标本的作用
胰蛋白酶	用于染色体G带处理
乙醇	用作防腐剂、保存液；骨骼标本脱脂
乙二醇	俗名甘醇，配制防腐剂时用来降低防腐剂的冰点
乙醚	用于麻醉动物
油灰	一种油性腻子，一般以熟桐油与石灰或石膏调拌而成，具有良好的可塑性，可用于标本填充
樟脑	具有特殊气味，用于驱虫防蛀

附录C

标本制作支架用铅丝规格及适用种类

铅丝号数	铅丝直径/mm	适用种类
2	7.21	鹿、豹、马鹿、梅花鹿
4	6.05	苏门羚、云豹、野猪、虎
6	5.16	岩羊、野猪、狗熊
8	4.19	狼、猞猁、黑麂、黄羊、江豚、白鹳、丹顶鹤、白鹈鹕、天鹅、白尾海雕
10	3.40	獐、麂、海豹、麝、灰鹤、孔雀、小天鹅、金雕、黑脚信天翁、斑嘴鹈鹕
12	2.76	狗、红面猴、水獭、小熊猫、雁、鸢、大白鹭、苍鹭
14	2.11	绿头鸭、鲮鲤、猪獾、环颈雉、银鸥、苍鹰、蓝马鸡、褐鲣鸟
16	1.65	家兔、家鸽、花脸鸭、黄鼬、树狗、刺猬、鸳鸯、乌鸦、池鹭、冠鱼狗、褐翅乌鸦
18	1.24	松鼠、黄鼠、豚鼠、黄鹂、啄木鸟、杜鹃、画眉、蓝翡翠、沙雉、斑鸫
20	0.89	鼹鼠、社鼠、树鼩、蝙蝠、小翠鸟、长尾翁、云雀、雨燕、大苇莺、蛙、蟾蜍
22	0.71	花背仓鼠、小仓鼠、小蝙蝠、麻雀、白眉鸫、白脸山雀、绣眼、鹡鸰、黄喉鹀
24	0.56	黄腰柳莺、太阳鸟、红头长尾山雀、长尾缝叶莺